Michael Sobirey

Datenschutzorientiertes Intrusion Detection

DuD-Fachbeiträge

herausgegeben von Andreas Pfitzmann, Helmut Reimer, Karl Rihaczek
und Alexander Roßnagel

Die Buchreihe DuD-Fachbeiträge ergänzt die Zeitschrift DuD – Datenschutz und
Datensicherheit in einem aktuellen und zukunftsträchtigen Gebiet, das für
Wirtschaft, öffentliche Verwaltung und Hochschulen gleichermaßen wichtig ist. Die
Thematik verbindet Informatik, Rechts-, Kommunikations- und Wirtschaftswissen-
schaften.
Den Lesern werden nicht nur fachlich ausgewiesene Beiträge der eigenen Disziplin
geboten, sondern auch immer wieder Gelegenheit, Blicke über den fachlichen Zaun
zu werfen. So steht die Buchreihe im Dienst eines interdisziplinären Dialogs, der die
Kompetenz hinsichtlich eines sicheren und verantwortungsvollen Umgangs mit der
Informationstechnik fördern möge.

Unter anderem sind erschienen:

Hans-Jürgen Seelos
Informationssysteme und Datenschutz
im Krankenhaus

Wilfried Dankmeier
Codierung

Heinrich Rust
Zuverlässigkeit und Verantwortung

Albrecht Glade, Helmut Reimer
und Bruno Struif (Hrsg.)
Digitale Signatur &
Sicherheitssensitive Anwendungen

Joachim Rieß
Regulierung und Datenschutz im
europäischen
Telekommunikationsrecht

Ulrich Seidel
Das Recht des elektronischen
Geschäftsverkehrs

Rolf Oppliger
IT-Sicherheit

Hans H. Brüggemann
Spezifikation von objektorientierten
Rechten

Günter Müller, Kai Rannenberg,
Manfred Reitenspieß, Helmut Stiegler
Verläßliche IT-Systeme

Kai Rannenberg
Zertifizierung mehrseitiger
IT-Sicherheit

Alexander Roßnagel, Reinhold Haux,
Wolfgang Herzog (Hrsg.)
Mobile und sichere Kommunikation
im Gesundheitswesen

Hannes Federrath
Sicherheit mobiler Kommunikation

Volker Hammer
Die 2. Dimension der IT-Sicherheit

Patrick Horster
Sicherheitsinfrastrukturen

Gunter Lepschies
E-Commerce und Hackerschutz

Patrick Horster, Dirk Fox (Hrsg.)
Datenschutz und Datensicherheit

Michael Sobirey
Datenschutzorientiertes
Intrusion Detection

Michael Sobirey

Datenschutzorientiertes Intrusion Detection

Grundlagen, Realisierung, Normung

ISBN-13: 978-3-528-05704-6   e-ISBN-13: 978-3-322-86850-3
DOI: 10.1007/978-3-322-86850-3

Vorwort

Grundlage der vorliegenden Arbeit ist eine 1998 von der Fakultät für Mathematik, Naturwissenschaften und Informatik der Brandenburgischen Technischen Universität Cottbus genehmigte Dissertation. Der originale Titel dieser Dissertation lautet "Datenschutzorientierte Audit-basierte Erkennung von IT-Sicherheitsverletzungen". Sie entstand während meiner Tätigkeit am dortigen Lehrstuhl für Rechnernetze und Kommunikationssysteme.

Meine Dissertation wäre ohne die Unterstützung vieler Beteiligter in dieser Form nicht realisierbar gewesen. Herzlich danken möchte ich meinem Doktorvater, Herrn Prof. Dr. Hartmut König, für das entgegengebrachte Vertrauen, seine Hinweise zur inhaltlichen und strukturellen Gestaltung der Arbeit sowie eingeräumte fachliche Freiräume. Weiterhin danken möchte ich Frau Prof. Dr. Waltraut Gerhardt (Technische Universiteit Delft) und Herrn Prof. Dr. Günter Müller (Universität Freiburg) für die Übernahme der Zweitgutachten und ihre fachliche Betreuung.

Herrn Prof. Dr. Wilhelm Steinmüller gilt mein besonderer Dank. 1991/92 hatte ich Gelegenheit, seiner prägenden Lehrveranstaltung zum Datenschutz an der Universität Bremen beizuwohnen. Er war es, der mich für die Thematik "Datenschutz als Kriterium für die Gestaltung informationstechnischer Systeme" sensibilisierte.

Herzlich danken möchte ich außerdem meinem Kollegen Birk Richter, der wesentlichen Anteil an der praktischen Umsetzung von AID hat, insbesondere für seine hilfreichen kritischen Anmerkungen. Uns verbindet eine mehrjährige fruchtbare Zusammenarbeit, die seit Jahresbeginn bei SECUNET in Dresden ihre Fortsetzung erfährt. Unter Berücksichtigung seiner innovativen, promotionswürdigen Arbeiten im Bereich der Netz-Audit-basierten Überwachung konzentrierte ich mich in meiner Arbeit schwerpunktmäßig auf das Betriebssystem-Audit. Dies als Hinweis für all jene, die sich ausgehend vom Titel eine äquivalente Referenzierung des sogenannten "Netz"-basierten Intrusion Detections gewünscht hätten.

Dem öfters recht raumgreifend dargestellten "Netz"-basierten Intrusion Detection liegt eine Audit-basierte Überwachung des Netzverkehrs zugrunde, die komplementär zum Betriebssystem-Audit ebenfalls nur einen Teil der insgesamt in einem überwachungsrelevanten Netz erfolgenden sicherheitsrelevanten Aktionen erfaßt. Eine lückenlose Netzüberwachung erfordert beides - Informationen darüber, was auf (Betriebssystem-Auditdaten) *und* zwischen ("Netz"-Auditdaten) den im Netz befindlichen Rechnern passiert. Um es auf einen einfachen Nenner zu bringen: "Netz" ist nicht gleich Netz!

Ebenfalls danken möchte ich im Zusammenhang mit AID Michael Meier für seinen Beitrag zur Integration des pseudonymen Audit und das Auffinden detailspezifischer Inkonsistenzen.

Herr Dr. Kai Rannenberg führte mich in die internationale Normung ein. Gemeinsam erstellten wir Common Criteria Observation Reports zu pseudonymen Audit, die Eingang in das Kriterienwerk fanden. Für die angenehme Zusammenarbeit und sein konsequentes Nachsetzen bei diversen Normungs-Meetings möchte ich ihm ganz herzlich danken.

Meine Arbeit profitierte zudem von mehreren fachspezifischen Diskussionen. Herr Prof. Dr. Andreas Pfitzmann ermöglichte mir eine Verifikation kryptographierelevanter Passagen. Weitere Diskussionsrunden erfolgten mit Herrn Prof. Dr. Ron Rivest und Herrn Jochen Schwarz zu Blockchiffren, mit Herrn Wolfram Clauß sowie Herrn Prof. Dr. Andreas Heuer zu Datenbanken, mit Frau Dr. Simone Fischer-Hübner, Frau Marie-Luise Franzen und Herrn Andreas Kossack zu datenschutzrechtlichen Aspekten. Allen Genannten möchte ich Dank sagen.

Thomas Holz übernahm schließlich die Schwerarbeit der akribischen finalen Durchsicht der Dissertation. Herzlichen Dank dafür, ebenso Katrin Willhöft und Peter Langendörfer, die erfolgreich nach Tippfehlern fahndeten.

Ein abschließender, ganz liebevoller Dank gilt meiner Frau Silke für jahrelang geduldig ertragene, arbeitsbedingte zeitliche Defizite, ihr Verständnis und ihre Unterstützung. Ihr und meinen lieben Eltern, Margit und Hans-Jochen Sobirey, möchte ich diese Arbeit widmen.

Inhaltsverzeichnis

Abbildungsverzeichnis

Tabellenverzeichnis

Abkürzungsverzeichnis

AFB	Air Force Base
AID	Adaptive Intrusion Detection System
AIMS	Automated Intrusion Monitoring System
ASAX	Advanced Security Audit Trail Analyzer on UNIX
Bbg	Brandenburg
BDSG	Bundesdatenschutzgesetz
BetrVG	Betriebsverfassungsgesetz
BPersVG	Bundespersonalvertretungsgesetz
BS	Betriebssystem
BSM	Basic Security Module
CBC	Cipher Block Chaining
CC	Common Criteria
CDDCSI	Critères Destinés a evaluer le Degré de Confiance des Systèmes d'Information
CIC	Counterintelligence Center
CMDS	Computer Misuse Detection System
CNES	Centre National d'Etudes Spatiales
COAST	Computer Operations, Audit, and Security Technology
CSM	Cooperating Security Managers
CTCPEC	Canadian Trusted Computer Product Evaluation Criteria
DARPA	Defense Advanced Research Projects Agency
DES	Data Encryption Standard
DIA	Defense Intelligence Agency
DIDS	Distributed Intrusion Detection System
DISA	Defense Information Systems Agency
DVD	Digital Versatile Disc
ECB	Electronic Codebook
ECITS	Evaluation Criteria for Information Technology Systems
EU	Europäische Union
FBI	Federal Bureau of Investigation

FCITS	Federal Criteria for Information Technology Security
FEAL	Fast Encipherment Algorithm
FOIMS	Field Office Information Management System
FTP	File Transfer Protocol
GASSATA	Genetic Algorithm for Simplified Security Audit Trail Analysis
GID	Group Identifier
GrIDS	Graph-based Intrusion Detection System
ICMP	Internet Control Message Protocol
ID	Identifier
IDA	Intrusion Detection and Avoidance System
IDEA	International Data Encryption Algorithm
IDES	Intrusion Detection Expert System
IEC	International Electrotechnical Commission
IDS	Intrusion Detection-System
IP	Internet Protocol
ISO	International Organization for Standardization
IT	Informationstechnik bzw. informationstechnisch
ITA	Intruder Alert
ITSEC	Information Technology Security Evaluation Criteria
IT-SK	IT-Sicherheitskriterien
LAN	Local Area Network
LiSA	Library for Secure Applications
LLNL	Lawrence Livermore National Laboratory
LPersVGs	Landespersonalvertretungsgesetze
MAC	Medium Access Control
M.I. 5	Military Intelligence 5
MIB	Management Information Base
MIDAS	Multics Intrusion Detection and Alerting System
MOSSAD	ha-Mossad le-Modiin ule Tafkidim Meyuhadim (Institute for Intelligence and Special Tasks)
MWFK	Ministerium für Wissenschaft, Forschung und Kultur
NATO	North Atlantic Treaty Organization
NFS	Network File System
NID	Network Intrusion Detector
NIDES	Next-generation Intrusion Detection Expert System
NSA	National Security Agency
NSM	Network Security Monitor
ONC	Open Network Computing
PDAT	Protocol Data Analysis Tool
PersVG	Personalvertretungsgesetz

PROM	Programable Read Only Memory
PROMIS	Prosecutor's Management Information System
RACE	Research and Development in Advanced Communications Technologies in Europe
RACF	Resource Access Control Feasibility
RAM	Random Access Memory
RC	Rivest Cipher
RSA	Rivest Shamir Adleman
ROM	Read Only Memory
RPC	Remote Procedure Call
SAIC	Science Applications International Corporation
StGB	Strafgesetzbuch
SHAPE	Supreme Headquarters Allied Powers Europe
SMTP	Simple Mail Transfer Protocol
SNMP	Simple Network Management Protocol
SPAWAR	Space and Naval Warfare Command
SRI	Stanford Research Institute
SUPELÉC	École Supérieure d'Electricité
TCP	Transport Control Protocol
TCSEC	Trusted Computer Security Evaluation Criteria
TLI	Transport Layer Interface
TNI	Trusted Network Interpretation
TSF	Target of Evaluation Security Functions
TOE	Target of Evaluation
UDP	User Datagram Protocol
UID	User Identifier
UKSSCL	United Kingdom Systems Security Confidence Levels
UNICORN	Unicos Real-time Nadir
USAF	U.S. Air Force
WORM	Write Once Read Many
WWW	World Wide Web

Kapitel 1

Einleitung

1.1 Problemstellung und Zielsetzung

Im Alltag sehen wir uns zahlreichen, zum Teil verdeckt installierten, technischen Überwachungssystemen gegenüber. Beispiele sind Kamerasysteme auf Bahnhöfen, Flughäfen, an Tankstellen, Einfahrten und Grenzübergängen, in Geschäften und Bankfilialen. Während der überwachungsrelevanten Zeiträume liefern diese Systeme permanente Aufzeichnungen, deren "Auswertung" meist über Bildschirme erfolgt.

Weitere Beispiele sind die im Straßenverkehr allseits bekannten, am Straßenrand plazierten, stationären und mobilen Geschwindigkeitsmeßeinrichtungen ("Starkästen" sowie Radarfallen der Polizei). Im Gegensatz zu den Kamerasystemen erstellen diese ausschließlich im Fall einer zu hohen Geschwindigkeit vorbeifahrender Kraftfahrzeuge oder beim Passieren einer Kreuzung, deren Ampelanlage in der überwachten Verkehrsrichtung auf Rot geschaltet ist, kompromittierende Aufnahmen. Diese Aufnahmen sind Ausgangspunkt für die Ermittlung der Identität der jeweiligen Fahrer.

Den Geschwindigkeitsmeßeinrichtungen liegt im Gegensatz zu den Überwachungskamerasystemen ein wesentlich *datensparsameres* Funktionsprinzip zugrunde, da ausschließlich verkehrssicherheitswidriges Verhalten dokumentiert wird. Würden die Geschwindigkeitsmeßeinrichtungen unnötigerweise generell jede Verkehrsbewegung aufzeichnen, hätte das eine Vielzahl von Aufnahmen zur Folge, die Aufschlüsse darüber liefern, welcher Fahrer mit welchem Fahrzeug (allein oder mit Beifahrern) wann, wo und wie schnell unterwegs war. Im Fall systematischer Auswertungen könnten anhand derartiger Daten umfassende Bewegungsprofile erstellt werden.

Analog dazu gibt es in informationstechnischen Systemen (IT-Systemen) mit Audit eine Überwachungsfunktion, welche – gestützt auf eine system- bzw. netzweit eindeutige Identifikation von Nutzern, Rechnern und Ressourcen sowie Systemzeiten – detaillierte Nachweise zu sicherheitsrelevanten applikations-, system- oder netzspezifischen Nutzeraktionen liefert. Ebenso wie die eingangs erwähnten Überwachungskameras generieren Auditfunktionen, gemäß der konfigurierten Aufzeichnungsgranularität, fortlaufend Datensätze, ungeachtet, ob sich überwachte Nutzer IT-sicherheitskonform verhalten oder nicht. Da das primäre Ziel Audit-basierter Überwachung im Nachweis sicherheitsgefährdender Aktionen besteht, ist die Vielzahl jener Auditdatensätze, die sicherheitskonforme nutzerverhaltensbeschreibende Aktionen dokumentieren, genaugenommen überflüssig.

Ideal wäre, ausgehend vom Blickwinkel des Datenschutzes[1] der überwachten Nutzer, eine funktionale Gestaltung von Audit dahingehend, daß analog den Geschwindigkeitsmeßeinrichtungen ausschließlich IT-sicherheitsgefährdende Aktionen bzw. Ereignisse protokolliert werden. Voraussetzung hierfür wäre, im Moment der Initiierung bzw. des Stattfindens *einer* sicherheitsrelevanten Aktion (bzw. eines Ereignisses) entscheiden zu können, ob diese sicherheitsgefährdend ist. Eine derartige Entscheidung kann jedoch oft nur bei einfachen IT-Sicherheitsverletzungen, z. B. fehlgeschlagenen Zugriffsversuchen oder Schreibzugriffen auf sensitive Programme, getroffen werden. Aufgrund dessen, daß komplexere Attacken über mehrere aufeinander abgestimmte, ggf. von mehreren Nutzern initiierten Aktionen realisiert werden, ist das nicht möglich. Somit gibt es hinsichtlich des Nachweises IT-sicherheitsgefährdender Aktionen in derzeitigen IT-Systemen keine Alternative zur permanenten Protokollierung.

Da sich die Sensitivität von Daten primär aus der Art und Weise ihrer Verarbeitung ergibt [BVerfG83], kommt der Analyse im Kontext datenschutzorientierter Audit-basierter Überwachung eine grundlegende Bedeutung zu. Hierbei gilt es sicherzustellen, daß keine mißbräuchlichen, d. h. außerhalb des IT-Sicherheitsinteresses liegenden Analysen zum Verhalten überwachter Nutzer durchgeführt werden (können). Voraussetzung dafür sind entsprechend gestaltete Sicherheitsfunktionen sowie eine "kontrollierte" Überwachung.

Restriktive Zugriffskontrolle bzgl. der Auditdaten ist fundamental. Sie allein ist jedoch nicht ausreichend zur Unterbindung mißbräuchlicher Auswertung, denn nicht nur der Fakt, daß ein autorisierter Administrator lesend auf eine Auditdatei zugriff, ist entscheidend, sondern auf welche der darin befindlichen Daten wie zugegriffen wurde. Dies erweist sich insbesondere aufgrund der bislang beim

---

[1]Datenschutz umfaßt im engeren Sinne alle Vorkehrungen zur Verhinderung unerwünschter (Folgen der) Datenverarbeitung für Individuen. Zugespitzt formuliert dient Datenschutz nicht dem Schutz *von* Daten, sondern eher dem Schutz *vor* Daten [Pfi97a].

Audit vorherrschenden standardmäßigen Ablage von Auditdaten in Dateien und dem Informationsgehalt der Lesezugriffe dokumentierenden Records als problematisch. Derartige Records weisen bspw. beim Betriebssystem-Audit (neben dem Initiator, Datum und Uhrzeit, dem finalen Aktionsstatus und dergleichen) lediglich die Aktion und den Namen der referenzierten Datei aus.

Hier setzt die vorliegende Arbeit an, deren Gegenstand die Realisierung einer datenschutzorientierten Audit-basierten Überwachung unter Verwendung kryptographischer Verfahren ist. Grundgedanke ist der Schutz der Vertraulichkeit nutzeridentifizierender Daten in Audit-Records sowie deren Auswertung in pseudonymer Repräsentation. Depseudonymisierungen von Records erfolgen in berechtigten Verdachtsfällen, d. h. wenn ein Auditdatensatz einem Angriffsmodell (partiell) gleicht, automatisch. Da nachträgliche Analysen (Reviews), die u. a. zum Aufspüren neuer, bislang unbekannter IT-Sicherheitsverletzungen dienen, aufgrund des hierbei erforderlichen kreativen Herangehens funktional nicht sinnvoll einschränkbar sind, wird zwecks Hinzuziehung einer Vertrauensperson kryptographisch das 4-Augen-Prinzip zugrundegelegt.

Ausgehend vom zur Verfügung stehenden lokalen Netz sowie unter Berücksichtigung der im Zusammenhang mit AID (Adaptive Intrusion Detection System) realisierten Arbeiten wird schwerpunktmäßig die Auditfunktion des UNIX-Derivates Solaris 2.x untersucht.

1.2 Thematische Abgrenzung der Arbeit

Der Berücksichtigung von Datenschutzbelangen im Kontext einer Audit-gestützten Überwachung von Nutzern hinsichtlich Art und Weise ihrer Inanspruchnahme von System- bzw. Netzressourcen wurde in den vergangenen Jahren, trotz des Aufkommens zahlreicher kommerzieller Intrusion Detection-Systeme, kaum Bedeutung beigemessen. Einen ersten grundlegenden, systemgestalterisch umsetzbaren Ansatz lieferte Simone Fischer-Hübner in ihrer Dissertation "IDA: Ein einbruchserkennendes und einbruchsvermeidendes System" mit der formalen *Anonymisierung von Audit-Trails* [Fi92, S. 212-215].

Diese Idee wird in der vorliegenden Arbeit aufgegriffen und in Form des pseudonymen Audit weiterentwickelt. Dabei werden wesentliche, für den Einsatz in realen IT-Systemen zu berücksichtigende Anforderungen herausgearbeitet. Eine exemplarische Realisierung des pseudonymen Audit erfolgte unter Verwendung des Intrusion Detection-Systems AID, das im Gegensatz zum kernintegrierten (modellimplementierten) IDA applikativ realisiert ist. Das zugehörige Schlüsselmanagement wurde simuliert. Bei den Tests standen die Ermittlung der durch die

Pseudonymisierung entstehenden Mehrbelastung sowie Untersuchungen zum erreichbaren Vertraulichkeitsschutz der nutzeridentifizierenden Daten in den Audit-Records im Vordergrund.

Parallel zur Realisierung des Prototyps und der Erprobung des pseudonymen Audit wurden gemeinsam mit Kai Rannenberg Vorschläge zur Integration entsprechender funktionaler Anforderungen in die Common Criteria (CC) erarbeitet und in die internationale Normung eingebracht [SoRa96]. Diese fanden im wesentlichen in den CC 2.0 Berücksichtigung.

Über [FiBru90, Fi92] sowie Publikationen der vergangenen drei Jahre, an denen der Verfasser mitwirkte ([So95, So$^+$96, SoFi96, So$^+$97]), hinausgehend sind keine wissenschaftlichen Arbeiten anderer Autoren bekannt, die eine analoge Audit-spezifische Fokussion aufweisen.

1.3 Die Arbeit im Überblick

Kapitel 2 enthält eine grundlegende Einführung der Begriffe IT-Sicherheit und Datenschutz und skizziert, ausgehend von der Sichtweise der klassischen IT-Sicherheit, die globale thematische Einbettung dieser Arbeit – die Realisierung mehrseitig sicherer IT-Systeme unter Berücksichtigung konträrer Sicherheitsinteressen.

Vertiefend werden in **Kapitel 3** die Sicherheitsfunktion Audit sowie Grundlagen und Probleme der automatischen Auswertung von Auditdaten behandelt. Darauf aufbauend werden Intrusion Detection-Systeme funktional eingeführt, klassifiziert und hinsichtlich ihres Leistungsvermögens bewertet. Anschließend folgt eine Motivierung des Einsatzes von Intrusion Detection-Systemen anhand von Beispielen, die das Potential Audit-basierter Überwachung zur Kompensation gravierender IT-Sicherheitsprobleme verdeutlichen.

Im **Kapitel 4** wird das zwischen dem klassischen Audit und dem Datenschutz aufgrund unterschiedlicher Sicherheitsinteressen bestehende Spannungsfeld *interdisziplinär* herausgearbeitet. Berücksichtigung finden dabei u. a. die Verfügbarkeit kommerzieller Intrusion Detection-Systeme, eine Bestandsaufnahme bundesdeutscher datenschutzrechtlicher Vorgaben sowie soziale und psychologische Befindlichkeiten überwachter Nutzer. Davon ausgehend wird der Schutz der Vertraulichkeit der in den Audit-Records enthaltenen nutzeridentifizierenden Daten als zentraler Ansatzpunkt für eine datenschutzorientierte Gestaltung künftiger Auditfunktionen bzw. Intrusion Detection-Systeme herausgestellt.

Anhand der Ausführungen in **Kapitel 5** wird dargelegt, daß in den vergangenen

Jahren der technologischen Berücksichtigung von Anforderungen des Datenschutzes im Kontext von Audit und Intrusion Detection kaum Bedeutung beigemessen wurde. Die bisherigen Aktivitäten in diesem Bereich resultierten lediglich in einigen wenigen theoretischen Arbeiten sowie im Funktionskonzept IDA.

Kern der datenschutzorientierten Auslegung von IDA ist die Idee, Auditdaten in pseudonymer Form zu verarbeiten. Dieser Ansatz wird vorgestellt und hinsichtlich seiner systemgestalterischen Wirkung bewertet. Im Ergebnis dessen werden für die Realisierung eines pseudonymen Audit in realen IT-Systemen erforderliche weiterführende Schritte abgeleitet.

Davon ausgehend werden in **Kapitel 6** elementare Grundlagen des pseudonymen Audit herausgearbeitet. Schwerpunkte sind eine Solaris 2.x-spezifische Kategorisierung nutzerbezogener Daten in Audit-Records, verfahrenstechnische Anforderungen, Methoden zur Generierung von Pseudonymen sowie Schnittstellen zur Integration von Pseudonymisierungs- und Depseudonymisierungsfunktionen in IT-Systemen.

Kapitel 7 dient der Erläuterung der exemplarischen Realisierung des pseudonymen Audit unter Verwendung des Intrusion Detection-Systems AID und Blockchiffren. Im einzelnen werden die Architektur des Intrusion Detection-Systems und die für die Integration der Ver- bzw. Entschlüsselungsfunktionen erforderlichen Schnittstellen erläutert. Anschließend wird das für AID entwickelte Pseudonymisierungs- und Depseudonymisierungskonzept vorgestellt. Es werden Anforderungen an die zu integrierenden Kryptofunktionen abgeleitet und die implementierten (De-)Pseudonymisierungsfunktionen erläutert.

In **Kapitel 8** erfolgt eine Bewertung der Prototypimplementation. Schwerpunkte sind dabei die durch die integrierten Pseudonymisierungsfunktionen verursachten Mehrbelastungen und der mit der Implementation erreichte Vertraulichkeitsschutz. Davon ausgehend werden kryptographische Alternativen betrachtet und deren Konsequenzen diskutiert. Außerdem werden Grenzen des Ansatzes und Restrisiken aufgezeigt sowie unterstützende Maßnahmen vorgeschlagen.

Gegenstand von **Kapitel 9** ist das pseudonyme Audit im Kontext der Common Criteria. Die Entwicklung der CC wird zunächst im Rahmen eines Überblick über die internationale Harmonisierung im Bereich der Sicherheitsevaluation skizziert. Die Bedeutung dieses Kriterienwerks ergibt sich aus der Tatsache, daß die ISO die CC 2.0 1999 als internationalen Standard 15408 verabschiedet. Aufgrund ihres Einflusses auf die Gestaltung künftiger IT-Systeme haben die in diesen IT-Sicherheitskriterien enthaltenen Anforderungen an Sicherheitsfunktionen einen hohen Stellenwert. Gestützt auf eine Einführung in die Struktur des Kriterienwerkes und die funktionalen Vorgaben in Teil 2 folgen eine Bestandsaufnahme und Bewertung relevanter Funktionsbereiche der CC 2.0 hinsichtlich der gegebenen Möglichkeiten zur funktionalen Beschreibung eines in pseudonymer Form erfolgenden Audit.

Kapitel 10 enthält einige abschließende Anmerkungen und einen Ausblick auf weiterführende Entwicklungsschritte.

Kapitel 2

Von klassischer zu mehrseitiger IT-Sicherheit

Zunächst werden mit IT-Sicherheit und Datenschutz elementare Begriffe des thematischen Umfeldes eingeführt. Mit der extensiven Verbreitung verteilter informationstechnischer Systeme entstehen neue Sicherheitsbedürfnisse, die von der klassischen IT-Sicherheit nicht abgedeckt werden. Beispiele dafür sind kommerzielle schutzwürdige Belange sowie datenschutzspezifische Sicherheitsbedürfnisse. Davon ausgehend ergibt sich bei der anspruchsvollen Gestaltung mehrseitig sicherer IT-Systeme das Problem der Zusammenführung (partiell) konträrer Sicherheitsanforderungen.

2.1 Interpretation des IT-Sicherheitsbegriffs

IT-Sicherheit kann als Resistenz informationstechnischer Systeme gegenüber als bedeutsam eingestuften Gefahren und Bedrohungen interpretiert werden. Sie wird gewährleistet über den Schutz sowohl von *Ressourcen* (Hardware, Firmware, Software, Daten) als auch von *Rechtsgütern* der mittel- und unmittelbar an der Informationsverarbeitung Beteiligten. Letztere sind u. a. Entwickler, Vertriebsbeschäftigte, Systemeigentümer und -betreiber, System- und Sicherheitsadministratoren, Benutzer sowie Personen, deren personenbezogene Daten verarbeitet werden ("Gespeicherte", auch "Verdatete" [Stei93], engl. usees). Schutzwürdige Rechtsgüter sind in diesem Zusammenhang u. a. Eigentums-, Nutzungsrechte sowie die Bestimmungen des Datenschutzes.

Nach Grimm gibt es einerseits Gefahren, die nur dadurch handhabbar sind, daß gefährliche Ereignisse verhindert werden, und solche, auf die man sich mit begrenztem (ökonomischen) Risiko einlassen muß [Gri94]. Ziel der IT-Sicherheit ist es letztlich, die im jeweiligen Einsatzumfeld bestehenden Risiken und Bedrohungen durch entsprechende Maßnahmen soweit zu kompensieren, daß die verbleibenden Restrisiken, sofern abschätzbar, tragbar sind. Bedingt durch die individuelle Abschätzung der verbleibenden Restrisiken dominiert in dieser [AmAtz92, Stel90] entlehnten Interpretation eine *subjektive* Betrachtungsweise.

Insgesamt umfaßt der IT-Sicherheitsbegriff sowohl:

- Sicherheit gegenüber vorsätzlich verursachten Ereignissen *(Security)* als auch

- Sicherheit gegenüber zufällig eintretenden bzw. unabsichtlich verursachten Ereignissen *(Safety)*.

Vorsätzlich verursachte Ereignisse sind bspw. das gezielte Plazieren von als *login*-Prozedur getarnten trojanischen Pferden zum Abfangen von Passworten, die Einbringung und Aktivierung von Wurmprogrammen, gezielte thermische Überhitzung von Coprozessoren [So92], das Einbrechen in fremde Benutzer-Accounts oder das Wiedereinspielen abgefangener Datenpakete. Zufällig eintretende Ereignisse sind u. a. auf höhere Gewalt (z. B. durch Blitzschlag verursachte Überspannung, Feuer, Beben und Wassereinbruch) sowie thermisch oder mechanisch bedingte Materialermüdung zurückzuführen. Unabsichtlich verursachte Ereignisse sind bspw. Bedienungsfehler.

2.2 Datenschutz

Der Datenschutz dient als Mittel zum Schutz des allgemeinen Persönlichkeitsrechts bzw. des informationellen Selbstbestimmungsrechts (siehe dazu Abschnitt 4.3.1). Der Begriff selbst ist etwas mißverständlich formuliert, denn der Schutz personenbezogener Daten[1] ist lediglich indirekter Gegenstand des Datenschutzes [Ge92].

Der im englischen Sprachgebrauch verwendete Begriff *Privacy* (Recht auf Privatheit) widerspiegelt eine umfassendere Sichtweise auf diesen Bereich [FiSchie96]. Erstmalig versuchten die US-amerikanischen Juristen Samuel Warren und Louis Brandeis in ihrem 1890 im *Harvard Law Review* veröffentlichten Artikel "The

---

[1]Personenbezogene Daten sind gemäß BDSG §3 Abs. 1 "Einzelangaben über persönliche oder sachliche Verhältnisse einer bestimmten oder bestimmbaren Person".

Right to Privacy" als "right to be let alone" - als das Recht, in Ruhe gelassen zu werden, zu definieren [WaBra1890]. Anlaß waren Praktiken der Presse, Sensationsgeschichten über bekannte Bürger zu veröffentlichen. Die beiden Juristen behaupteten, das *Common Law* sichere jedem Individuum das Recht, selbst zu bestimmen, inwieweit seine Gedanken, Meinungen und Gefühle anderen mitgeteilt werden sollten [Bull84]. Eine weitere, oft verwendete Begriffsdefinition stammt von Alan Westin. Er interpretierte "Privacy" als Anspruch von Individuen, Gruppen und Institutionen, selbst zu bestimmen, wann, wie und in welchem Maße Informationen über sie an andere weitergegeben werden [We67].

2.3 Klassische schutzwürdige Belange

Schutzwürdige Belange beschreiben Ziele bzw. Eigenschaften (Zustände) einer sicheren Datenverarbeitung. Ihre Aufrechterhaltung wird insbesondere durch den Einsatz von Sicherheitsfunktionen gewährleistet. Im Zuge der Entwicklung informationstechnischer Systeme standen bzw. stehen unterschiedliche schutzwürdige Belange im Mittelpunkt des Interesses.

Die klassische IT-Sicherheit beruht auf der globalen Beherrschung vorhandener Sicherheitsfunktionen in zentralistischen Systemen durch vertrauenswürdige Systemverwalter, wobei die Interessen der Systembetreiber im Vordergrund stehen. In diesem Sinne berücksichtigt die Sichtweise vor allem Sicherheitsgefährdungen, die Benutzer gegenüber den Systemen darstellen [Ra97]. Die grundlegenden schutzwürdigen Belange der klassischen IT-Sicherheit sind Vertraulichkeit, Integrität und Verfügbarkeit. Ihnen voran steht implizit die *Authentizität* von Subjekten (Benutzer, Prozesse) und Objekten (z. B. Dateien, Datenpakete). Sie ist ein so fundamentaler abstrakter Wert, daß ohne ihn die Gewährleistung der anderen schutzwürdigen Belange nicht möglich wäre [Gri94].

Die Gewährleistung der *Vertraulichkeit* von Daten erfordert sicherzustellen, daß diese nur berechtigten Personen zur Kenntnis gelangen. Das unbefugte Erlangen von Informationen ist zu unterbinden bzw. wesentlich zu erschweren. Dabei kann es sich um die Vertraulichkeit gespeicherter Daten sowie um Inhalte transferierter Nachrichten handeln. Unter *Integrität* wird die (interne) Unversehrtheit von Ressourcen (z. B. Dateien, Programme, Nachrichteninhalte) verstanden. Dieser Zustand hält so lange vor, wie nur erlaubte, zulässige inhaltliche Veränderungen vorgenommen werden können. *Verfügbarkeit* erfordert den Schutz von Ressourcen vor unbefugter sowie in unzulässiger Weise erfolgender Inanspruchnahme (z. B. Blockierung). Zwischen der Integrität und der Verfügbarkeit besteht eine unidirektionale Abhängigkeit, da Verletzungen der Integrität, z. B. Manipulationen an

Programmen, die Verfügbarkeit von Ressourcen beeinträchtigen bzw. gänzlich in Frage stellen können.

Absolute IT-Sicherheit ist nicht realisierbar. Einige Ursachen hierfür sind u. a.:

- konzeptionelle Schwachstellen in Systemspezifikationen,

- die Nichtanwendbarkeit formaler Verifikation bei komplexer Software [Pfi97a],

- Implementations- und Konfigurationsfehler,

- undokumentierte Funktionalität,

- der Mißbrauch von Zugriffsrechten durch reguläre Nutzer sowie

- mangelnde Sensibilität von Nutzern.

Hat ein (externer) Angreifer erst einmal die Authentifikation passiert, bspw. mit einem geratenen oder abgefangenen Passwort, ist er – vereinfacht dargestellt – für ein IT-System zweifelsfrei identifiziert. Es ist von da ab nicht mehr in der Lage, ihn an der Inanspruchnahme der in unzulässiger Weise erlangten Zugriffsrechte zu hindern. Davon ausgehend erweist es sich insbesondere in sensitiven Systemumgebungen als notwendig, sicherheitsrelevante Aktionen zumindest nachvollziehen, auf etwaige IT-Sicherheitsverletzungen hin überprüfen sowie die Verursacher ermitteln und zur Verantwortung ziehen zu können.

Mit der *Zurechenbarkeit* (Accountability) wird diesem Sicherheitsbedürfnis entsprochen. Es handelt sich hierbei um eine weitere Sicherheitseigenschaft die ebenfalls den klassischen schutzwürdigen Belangen zugeordnet werden kann. Accountability wird im Orange Book [DoD85] in Form einer diesem Sicherheitsziel dienenden, gleichnamigen generischen Sicherheitsfunktion und in den kanadischen Sicherheitskriterien[2] [CSSC92] explizit als grundlegender schutzwürdiger Belang definiert.

2.4 Mehrseitige IT-Sicherheit

Seit Ende der 80er Jahre rücken zunehmend Sicherheitsanforderungen in den Blickpunkt des Interesses, die über den Rahmen der von zentralistischen Syste-

---

[2]Sicherheitskriterien spezifizieren grundlegende abstrakte Sicherheitsfunktionen sowie Maßnahmen zur Qualitätssicherung. Sie dienen als Grundlage für national bzw. international anerkannte, herstellerneutrale Bewertungen und Zertifizierungen informationstechnischer Systeme.

men und partiell von militärischen Sicherheitsanforderungen (z. B. Multi-Level-Security, das Bell-LaPadula-Sicherheitsmodell [BellLaPa73]) geprägten klassischen IT-Sicherheit hinausgehen. Ursachen hierfür sind die zunehmende Verdatung und Vernetzung unserer Gesellschaft und damit verbundene Risiken. Rasante Entwicklungen in den Bereichen ISDN, multimedialer Breitbandkommunikation, Mobilfunk sowie die zunehmende Abwicklung wirtschaftlicher Aktivitäten im Internet (z. B. Direktvertrieb von Produkten, Online-Banking) haben dazu beigetragen, daß nun verstärkt Nutzer jene Sicherheit einfordern, die ihren spezifischen Bedürfnissen entspricht.

Aufgrund dieser Entwicklungen wird seit Ende der 80er Jahre die Gewährleistung *mehrseitiger* IT-Sicherheit eingefordert, in der Sicherheitsanforderungen aller Beteiligten Berücksichtigung finden [Chau85, Pfi$^+$87, PfiRa93, Ra$^+$96]. Die neuen Sicherheitsanforderungen adressieren einerseits den kommerziellen Bereich mit dem für die Tätigung elektronischer Rechtsgeschäfte unverzichtbaren schutzwürdigen Belang der *Nicht-Abstreitbarkeit* (von Kommunikationsbeziehungen), die als spezielle Ausprägung der Zurechenbarkeit aufgefaßt werden kann. Sie umfaßt u. a. Nachweise des Sendens einer bestimmten Nachricht an einen Kommunikationspartner und des Empfangs dieser Nachricht gegenüber Dritten.

Andererseits wurden, insbesondere für den kommunikativen Bereich, verstärkt Anforderungen des Datenschutzes propagiert. Eine universelle Auslegung der klassischen schutzwürdigen Belange vorausgesetzt, repräsentieren die Datenschutzbelange spezielle Formen der Vertraulichkeit. Inzwischen international weitgehend anerkannt sind (siehe [CCIB97]):

- Anonymität,

- Pseudonymität,

- Unverknüpfbarkeit und

- Unbeobachtbarkeit.

Anonymität von Benutzern ist gewährleistet, wenn deren reale Identität durch Beteiligte oder Außenstehende nicht in Erfahrung gebracht werden kann. Mittels *Pseudonymität* wird sichergestellt, daß Benutzer Ressourcen oder Dienste über die Angabe von Pseudonymen in Anspruch nehmen können, wobei allerdings auch die Nachweisbarkeit der dabei initiierten Aktionen gewährleistet wird. *Unverknüpfbarkeit* bedeutet, daß Daten, Aktionen oder Ereignisse innerhalb eines Systems nicht in Zusammenhang gebracht werden können. Kommunikative *Unbeobachtbarkeit* besteht, wenn für Außenstehende nicht feststellbar ist, welcher

Nutzer welche Nachrichten sendet, für wen diese bestimmt sind und wo er sich zum aktuellen Zeitpunkt befindet.

2.5 Realisierung mehrseitig sicherer Systeme

Ein Vergleich klassischer und datenschutzorientierter Sicherheitsbelange verdeutlicht, daß bestimmte Sicherheitseigenschaften konträr zueinander stehen. Grundsätzliche Gegensätze bestehen bspw. zwischen der Identität / Authentizität und der Anonymität, ebenso zwischen der Nachweisbarkeit sowie den Datenschutzbelangen Anonymität und Unverknüpfbarkeit.

Für die Realisierung mehrseitig sicherer IT-Systeme besteht das grundlegende sicherheitsfunktionale Problem darin, konträre Sicherheitsanforderungen aller Beteiligten akzeptabel[3] zusammenzuführen. Das anstrebenswerte systemgestalterische Ziel ist letztlich eine *technologische Balance*, mittels der den unterschiedlichen Sicherheitsanforderungen weitgehend entsprochen werden kann. Dabei ist zu berücksichtigen, welche Rollen die Beteiligten in Bezug auf IT-Systeme innehaben und welche damit verbundenen funktionalen Spielräume sich für sie ergeben.

Erste Ansätze zur Realisierung mehrseitig sicherer IT-Systeme wurden in den vergangenen Jahren vor allem für den kommunikativen Bereich entwickelt. Beispiele hierfür sind Systeme zum digitalen Wertetransfer [Chau85], MIXe [Pfi+89] zur anonymen, unbeobachtbaren Kommunikation sowie der Erreichbarkeitsmanager [Rei+97]. Letzterer handelt mit anderen Kommunikationspartnern kommunikationsspezifische Sicherheitsbedingungen aus und erspart seinem Besitzer auf diese Weise Störungen und Belästigungen.

Im praktischen Einsatz finden sich derzeit noch recht wenige gezielt datenschutzorientiert gestaltete Applikationen bzw. Systeme mit datenschutzspezifischen Unterfunktionen. Beispiele hierfür sind die Möglichkeit zur Unterdrückung der Caller-ID beim ISDN sowie elektronische Geldbörsen (um Chips erweiterte "aufladbare" Geldkarten), mit denen anonymes Bezahlen möglich sein soll. Ein weiteres Beispiel ist das von David Chaum für die Firma Digicash entwickelte und kommerziell eingesetzte softwaregestützte Zahlungssystem ecash, das anonymen Geldtransfer gewährleistet.

---

[3]Die Akzeptanz von Sicherheitsfunktionen bzw. -mechanismen seitens der Nutzer wurde bereits 1975 von Saltzer und Schröder als fundamentales Gestaltungsprinzip definiert [SaSchrö75].

Kapitel 3

Audit und Intrusion Detection

Es gibt mehrere Möglichkeiten, IT-Sicherheitsverletzungen in irgendeiner Form festzustellen. Beispiele dafür sind mittels Prüfsummenalgorithmen erbrachte Integritätsnachweise, abrechnungsorientierte Accounting-Systeme, die Daten zur quantitativen Inanspruchnahme systeminterner Ressourcen liefern, Command History-Dateien sowie Audit. Letztere liefern konkrete und zudem recht detaillierte Informationen zum Nachvollziehen IT-sicherheitsgefährdender Aktionen.

Im folgenden werden aufeinander aufbauend die Sicherheitsfunktion Audit und Intrusion Detection eingeführt. Zunächst werden einige grundlegende Problembereiche des Einsatzes von Audit diskutiert, die sich hinsichtlich des Leistungspotentials von Intrusion Detection-Systemen auswirken. Bspw. sind ein umfangreicher Informationsgehalt und der Schutz der Integrität von Auditdaten wesentliche Voraussetzungen dafür, ob und inwiefern Intrusion Detection-Systeme IT-Sicherheitsverletzungen erkennen können. Schwerpunktmäßig wird dabei auf das Betriebssystem-Audit von Solaris Bezug genommen. Anschließend werden analytische Herangehensweisen sowie grundlegende Architekturen von Intrusion Detection-Systemen vorgestellt. Es folgen eine Bewertung verteilter Intrusion Detection-Systeme sowie eine Veranschaulichung des Potentials von Intrusion Detection-Systemen zur Kompensation gravierender IT-Sicherheitsprobleme anhand ausgewählter Beispiele. Auf Datenschutzprobleme, die mit der Auswertung von Auditdaten verursacht werden, wird hierbei noch nicht eingegangen.

3.1 Die Sicherheitsfunktion Audit

Entscheidende Voraussetzung für die Überwachung sicherheitsrelevanter Aktionen bzw. Ereignisse ist die Sicherheitsfunktion Audit, deren Aufgabe in der Erfassung, Protokollierung und Analyse dieser Aktivitäten besteht [CCIB97]. Gestützt auf eine eindeutige Identifikation von Nutzern, Rechnern und Ressourcen sowie auf Systemuhren liefern die mittels Audit protokollierten Nachweise detaillierte Informationen darüber,

- *wer* (Subjekt, Initiator einer Aktion),

- *wann* (Tag und Uhrzeit),

- *was* (Ereignistyp),

- *wie* (finaler Aktionsstatus) gemacht hat.

Darüber hinausgehend werden ergänzend Daten protokolliert, die von der jeweiligen Spezifik sicherheitsrelevanter Ereignisse abhängen (vgl. [CCIB97]). Beispiele für derartige Daten sind Parameter von Programmstarts sowie von Netzverbindungen, Wertebelegungen von Umgebungsvariablen sowie bei Datenübertragungen aufgetretene Prüfsummenfehler.

Das primäre Ziel der Sicherheitsfunktion besteht in der Gewährleistung von nutzerbezogener Zurechenbarkeit sicherheitsrelevanter Aktionen. Entscheidendes Element der Zurechenbarkeit sind die Audit-Identifikatoren, die Nutzern unmittelbar nach einer erfolgreichen Authentifikation (Verifikation vorgegebener Nutzeridentitäten) zugeordnet werden. Dieser spezielle Nutzeridentifikator wird all seinen Aktionen bzw. Prozessen, ungeachtet zwischenzeitlicher Identitätswechsel (z. B. mittels des UNIX-Systemkommandos su), vererbt.

Mit dem Einsatz dieser Sicherheitsfunktion ist eine *abschreckende* Wirkung [NCSC88] gegenüber Nutzern beabsichtigt, die sicherheitsgefährdende Aktionen in Erwägung ziehen. Entsprechend ihres Aufgabenspektrums handelt es sich bei Audit um eine *"After the Fact"*-Sicherheitsfunktion.

3.1.1   Funktionale Integration und Informationsgehalt

Auditdaten dürfen nur von der Trusted Computing Base (Gesamtheit jener Hard-, Firm- und Softwarekomponenten, die in einem IT-System die IT-Sicherheitspolitik umsetzen) oder von vertrauenswürdigen Applikationen generiert werden. Audit ist integraler Bestandteil in Betriebssystemen [USL93, MC95] sowie in Applikationen, wie z. B. Datenbank-Managementsystemen [Bo88, Schae+89], und in Wrappern für Kommunikationsprotokolle (z. B. TCP-Wrapper [Ve92]). Davon ausgehend kann grundlegend zwischen Betriebssystem- und Applikations-Audit unterschieden werden.

Mittels *Betriebssystem-Audit* ist es möglich, entsprechend der jeweiligen konfigurierten Aufzeichnungsgranularität, erfolgreiche Zugriffe und/oder fehlgeschlagene Zugriffsversuche auf Ressourcen zu protokollieren. Voraussetzung dafür ist ein unmittelbares funktionales Ineinandergreifen mit der Zugriffskontrolle. Im Betriebsystemkern eingehende Zugriffsanforderungen von Subjekten (Nutzer, Prozesse) werden von der kerninternen Zugriffskontrolle anhand der gesetzten Zugriffsrechte überprüft und ggf. unterbunden. Parallel dazu erfolgt die Generierung von Auditdaten, was in Abb. 3.1 am Beispiel des Betriebssystem-Audit von Solaris veranschaulicht wird. In Solaris 2.x werden (vom Basic Security Modul) generierte Auditdaten zunächst im kerninternen Arbeitsspeicher gepuffert, dort vom Prozeß `auditd` entnommen und in eine Auditdatei geschrieben.

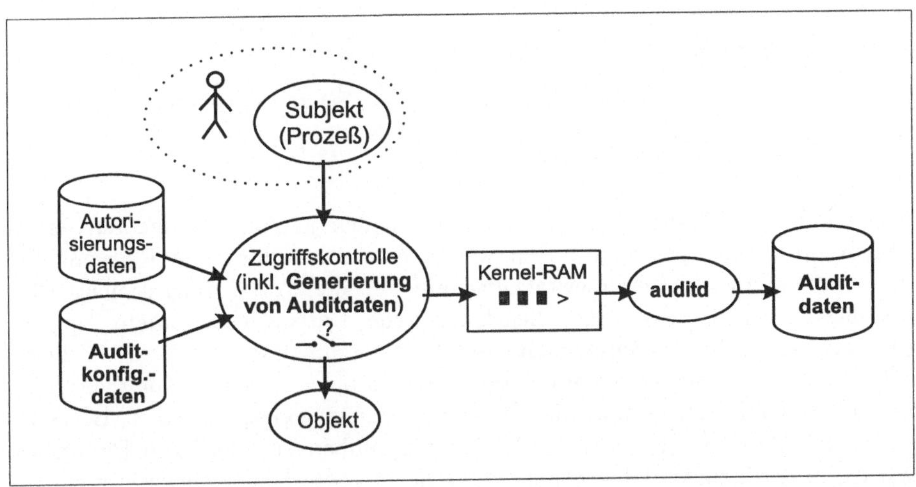

Abbildung 3.1: Prinzipielle Funktionsweise des Solaris 2.x-Audit

Applikations-Audit funktioniert entweder eigenständig (z. B. in Datenbanksystemen) oder nutzt Möglichkeiten zur Einbringung der eigenen Auditdaten in die von Betriebssystemen generierte Audit-Trail (Gesamtheit aller auf einem Zielsystem aufgezeichneten Auditdaten) über entsprechende Schnittstellen. Die Notwendigkeit von Applikations-Audit ergibt sich aus anwendungsspezifischen Sicherheitsproblemen. Diese sind mit auf Systemruf-Ebene generierten Betriebssystem-Auditdaten schwer, wenn überhaupt erkennbar. Beispiele dafür sind durch Inferenz oder Aggregation verursachte Vertraulichkeitsprobleme in Datenbanksystemen.

Da die Protokollierung und Analyse von Netzaktivitäten sowohl innerhalb des Betriebssystem-Audit als auch durch das Applikations-Audit von Netzdiensten erfolgt, erweist sich das *Netz-Audit* als Hybrid. Die zur Erbringung von Netzdiensten ausgetauschten, protokollspezifischen Daten bilden dafür die Grundlage. Innerhalb der jeweiligen Kommunikationsschichten sind netzspezifische Auditdaten unterschiedlichen Informationsgehalts verfügbar (siehe Tabelle 3.1).

Internet-Protokollstack	Audit-relevante Daten
SMTP, FTP, ...	applikationsspezifische Kommandos, UIDs, Ressourcen-Namen
TCP, UDP	Ports (Dienste)
IP, ICMP, ...	globale Quell-, Zieladressen
Ethernet, ...	MAC-Adressen

Tabelle 3.1: Verfügbarkeit netzspezifischer Auditdaten

Die bei der Erbringung von Netzdiensten in den jeweiligen Schichten anfallenden protokollspezifischen Daten weisen eine unterschiedliche Relevanz für die Audit-gestützte Netzüberwachung auf. In der Anwendungsschicht (des Internet-Protokollstacks) sind dienstspezifische Daten, insbesondere Nutzer-Identifikatoren, Ressourcen-Namen sowie Dienstkommandos verfügbar. In dieser Schicht ist es möglich zu erkennen, ob bspw. ein `put`- oder `get`-Kommando innerhalb von FTP initiiert wurde. Daten zu Dienstzugangspunkten, z. B. TCP- oder UDP-Ports, sowie die beim Verbindungsaufbau erforderlichen Parameter werden in der Transportschicht ausgetauscht und verarbeitet. Des weiteren sind für das Netz-Audit die in der Netzwerk-Schicht verfügbaren (globalen) Quell- und Zieladressen einer Aktivität von Bedeutung, z. B. die IP-Adressen der miteinander kommunizierenden Rechner. Die im Subnetz verfügbaren Informationen, insbesondere MAC-Adressen, sind lediglich lokal relevant [Rich+96].

Die Integration der Sicherheitsfunktion in Betriebssystemen oder Applikationen ist entscheidend dafür, welche Aktionen wie detailliert aufgezeichnet werden können. Beispielsweise ermöglicht das Betriebssystem-Audit von Solaris 2.x nur eine unzureichende Protokollierung von Netzaktivitäten [Rich+97]. Dies beeinflußt in entscheidendem Maße den operativen Spielraum Audit-basierter Überwachung, denn der Informationsgehalt der protokollierbaren Auditdaten bestimmt letztlich, welche IT-Sicherheitsverletzungen nachvollziehbar dokumentiert und als solche erkannt werden können.

3.1.2 Zu erwartende Datenaufkommen

Die beim Audit anfallenden Datenmengen hängen entscheidend von der Protokollierungsebene (z. B. Systemruf-, Applikations- oder Netzebene), der jeweiligen Aufzeichnungsgranularität sowie von Art[1] und Umfang der auf den überwachten Systemen initiierten Aktivitäten ab, was letztlich auch von der Anzahl der aktiven Nutzer beeinflußt wird.

Im lokalen Netz des Lehrstuhls für Rechnernetze und Kommunikationssysteme der BTU Cottbus, das aus mehreren Sun SPARCstations besteht, wurden Untersuchungen zur Ermittlung des durchschnittlichen Aufkommens an Auditdaten durchgeführt. Überwacht wurden insgesamt vier unterschiedlich konfigurierte Arbeitsstationen (siehe Tabelle 3.2). Protokolliert wurden über einen Zeitraum von vier Tagen Systemanmeldungen (logins), Lese- und Schreibzugriffe, das Generieren und Löschen von Dateien, die Modifikation von Dateiattributen, prozeßrelevante und administrative Aktionen sowie das Starten von Programmen. Auf den exemplarisch überwachten Arbeitsstationen fielen (an Arbeitstagen) pro Nutzer und Stunde durchschnittlich ca. 300 KByte Auditdaten an.

	Rechner 1	Rechner 2	Rechner 3	Rechner 4
SPARCstation	20	20	5	5
Konfiguration	stand alone, NFS-, Mail-, WWW-, Print-, Install.- und Backup-Server	dataless, NFS-Client	stand alone, NFS-Client	dataless, NFS-Client
aktive Nutzer	2 - 3	4 - 5	1	1
Auditdaten [MB] in 4 Tagen	150	108	18	19
in 24 Std.	37,5	27	4.5	4,75
in 1 Std.	1,56	1,12	0,19	0,20

Tabelle 3.2: Exemplarisches Aufkommen an Auditdaten

Pauschale Empfehlungen bzgl. eines effizienten Umfangs der mittels Audit zu protokollierenden Aktivitäten können nicht gegeben werden. Diese Entscheidungen müssen auf der Grundlage der spezifischen Sicherheitsanforderungen in den jeweils zu überwachenden Einsatzumgebungen getroffen werden. In [Woo95] wird

---

[1] Bspw. verursacht das Einspielen neuer Patches in Betriebssysteme aufgrund zahlreicher Lese- und Schreibzugriffe die Generierung extrem vieler Auditdaten.

empfohlen, zunächst mit recht umfangreichen Aufzeichnungen zu beginnen. Anhand der bei der tagtäglichen Auditanalyse gesammelten Erfahrungen sollte ermittelt werden, welche Auditereignisse sich für das Nachvollziehen sicherheitskritischer Aktivitäten als besonders hilfreich erweisen. Davon ausgehend kann nach und nach reduziert werden.

3.1.3 Schutz der Funktionseinheiten und Auditdaten

Elementare Voraussetzungen für ordnungsgemäßes Audit sind vertrauenswürdige Auditfunktionen sowie Auditdaten, deren Integrität sichergestellt ist. Den denkbar ungünstigsten Fall angenommen, ist davon auszugehen, daß Angreifer unmittelbar nach einem erfolgreichen Einbruch in IT-Systemen versuchen,

- aktive Auditfunktionen zu terminieren und

- vorhandene Auditdaten zu löschen, inhaltlich zu manipulieren oder mißbräuchlich auszuwerten.

Ausgehend von einer effizienten Authentifikation ist der Schutz der Auditdaten und -programme primär ein Zugriffskontroll-Problem. Von grundlegender Bedeutung sind hierbei entsprechend dem "Need to Know"-Prinzip vergebene Zugriffsrechte. Sicherheitskritisch sind Systemarchitekturen, in denen der Systemadministrator (z. B. `root` in UNIX) mit unverhältnismäßig umfangreichen, systemweiten Zugriffsrechten ausgestattet ist. In diesem Fall bestehen kaum effiziente Möglichkeiten zur Überwachung des Systemadministrators. Außerdem muß berücksichtigt werden, daß diese Zugriffsrechte über eine gezielte Ausnutzung sicherheitsrelevanter Schwachstellen erlangt und mißbräuchlich ausgenutzt werden können. Eine Reduzierung dieser Risiken ermöglicht die Verteilung der Aufgaben im Bereich der System- und Sicherheitsadministration auf mehrere Subadministratoren (separation of duties) mit unterschiedlichen Accounts und aufgabenspezifischen Zugriffsrechten, wie bspw. in F-B2 und F-B3[2]-zertifizierten Betriebssystemen realisiert.

Als problematisch erweist sich außerdem, daß in zahlreichen Betriebssystemen, z. B. in VMS, MVS und in fast allen UNIX-Derivaten (u. a. AIX, Solaris, HP-UX) lediglich ein allgemeines *manipulationsdienliches* Schreibzugriffsrecht unterstützt wird. Dieses Zugriffsrecht ermöglicht in Dateien inhaltliche Änderungen jedweder

---

[2]Es handelt sich hierbei um Sicherheitsreferenzklassen der europäischen IT-Sicherheitskriterien ITSEC.

Art, was vollständiges indirektes Löschen einschließt. Speziell für den Integritätsschutz von Protokolldateien (Audit-, Accounting- und Logging-Dateien) ist ein restriktives Schreibzugriffsrecht hilfreich, das inhaltliche Änderungen lediglich in Form von Erweiterungen zuläßt, die ausgehend vom logischen Dateiende erfolgen.

Die einzige bisher bekannte, standardmäßige Realisierung erfolgte in BSD/OS 4.4. Mittels eines zusätzlichen Flags kann dieses Zugriffsrecht (append_only) gesetzt werden. Es wird berücksichtigt, wenn das Betriebssystem in den sicheren Mehrnutzer-Modi 1 (secure mode) oder 2 (highly secure mode) betrieben wird [BSD96]. Ein Löschen und Zurücksetzen dieses für Dateien setzbaren Flags ist nur im Einzelnutzer-Modus 0 (insecure mode, vollständige logische Trennung vom Netz) möglich. Infolgedessen können inhaltliche Manipulationen von append_only-geschützten Auditdaten in BSD/OS-Umgebungen nur von Nutzern vorgenommen werden, die physischen Zugang zu den betreffenden Rechnern haben und an der Konsole agieren.

Eine Abspeicherung von Auditdaten in verschlüsselter Form dient dem Schutz der Vertraulichkeit dieser sensitiven, sicherheitsrelevanten Daten, erschwert in Abhängigkeit von der Stärke des verwendeten Kryptoalgorithmus sowie der Schlüssellänge deren Manipulation, schützt jedoch nicht vor Totalverlust durch Löschen. Alternativ dazu bestehen Möglichkeiten zur Generierung von Prüfsummen über die in den Auditfiles enthaltenen Daten. Sowohl der Schutz der Schlüssel als auch der Prüfsummen erfolgt letztlich wieder über die Zugriffskontrolle. In der Version 4.4 des BSD/OS wird für den Schutz von Dateien gegen vorsätzliches Löschen sowie inhaltliche Änderungen jedweder Art standardmäßig das Flag immutable zur Verfügung gestellt, das analog dem Zugriffsrecht append_only nur im Einzelnutzer-Betrieb zurückgesetzt werden kann [BSD96]).

Ein weiterer Sicherheitsaspekt im Zusammenhang mit Audit ist die Gewährleistung der Aufzeichnung neu generierter Auditdaten. Die Abspeicherung von Auditdaten sollte nach Möglichkeit in eigenständigen Partitionen erfolgen [Woo95]. Werden bspw. in UNIX-Systemumgebungen Auditdateien im /var-Filesystem abgelegt, ist es möglich, andere Systemprogramme, die ebenfalls Dateien in diesem Filesystem generieren, zu benutzen, um die Aufnahmefähigkeit dieses Filesystems binnen kurzer Zeit auszuschöpfen.

Ist ein hoher Integritätsschutz *lokal* abgespeicherter Auditdaten in Systemumgebungen einschließlich des Schutzes gegen vorsätzliches Löschen nicht zu gewährleisten, werden diese Daten in der Praxis gelegentlich unmittelbar nach deren Generierung direkt über Drucker ausgegeben, was allerdings nur im Fall überschaubarer Datenmengen sinnvoll ist. Außerdem können Auditdaten unmittelbar nach ihrer Aufzeichnung kopiert und über (serielle) Schnittstellen auf separate, physisch zugangsgesicherte (nicht vernetzte) Rechner mit ausreichender Speicherkapazität übertragen werden. Auf diese Weise sind die bereits gesicherten Auditdaten für Angreifer, die ausschließlich über softwaretechnische Zugangsmöglichkeiten verfügen, nicht erreichbar.

Zur Kompensation bestehender Defizite im Bereich der Zugriffskontrolle kann auch die Abspeicherung von Auditdaten auf nur einmal beschreibbaren WORM-Datenträgern, z. B. CD- und DVD-ROMs, erfolgen. Die Speicherkapazität dieser Datenträger bewegt sich derzeit im unteren GByte-Bereich. Eine korrekte Funktionsweise der Drucker bzw. der WORM-Aufzeichnungseinheiten vorausgesetzt, ist hierbei, zwecks Ausschließens von Fremdzugriffen, die physikalische Sicherheit der Datenträger zu gewährleisten. Auf diese Weise kann sichergestellt werden, daß sich Angreifer, die über keine physischen Zugangsmöglichkeiten verfügen, der Daten bemächtigen können.

3.1.4 Analyse der Auditdaten

Auditdaten weisen aufgrund der Vielzahl unterschiedlicher Auditereignisse und varianter Datenformate ein recht komplexes Erscheinungsbild auf. IT-Sicherheitsverletzungen sind sehr oft das Ergebnis mehrerer, aufeinander abgestimmter und unter gezielter Ausnutzung sicherheitsrelevanter Schwachstellen erfolgender Aktionen. Im Gegensatz zur Zugriffskontrolle, die *einzelne* Zugriffsanforderungen anhand gesetzter Zugriffsrechte verifiziert, erfordert das Aufspüren von IT-Sicherheitsverletzungen im Rahmen der Auditanalyse die Korrelation von *mehreren* Auditereignissen. Hinzu kommen die beim Audit anfallenden, mitunter recht beträchtlichen Datenmengen. Infolgedessen erweist sich eine manuelle oder mit einfachen Tools, wie `awk`, `grep` oder `auditreduce`, unterstützte elementare Auswertung dieser Daten als sehr aufwendig, zeitintensiv und im Hinblick auf die Analyse von Aktionssequenzen als völlig ungeeignet.

Die Auditanalyse erfordert zudem in diesem Spezialgebiet versierte System- bzw. Sicherheitsadministratoren, die allerdings arbeitsmäßig oft so stark in Anspruch genommen sind, daß sie eine derartig anspruchsvolle Aufgabe kaum zusätzlich bewältigen können. Zahlreiche Gespräche auf Konferenzen und Workshops ergaben, daß Audit aus den genannten Gründen in der Bundesrepublik Deutschland bislang kaum praktiziert wird. Verzichtet man beim Audit auf eine leistungsfähige Auditanalyse, wird der mit dieser Sicherheitsfunktion verbundenen Abschreckung eine entscheidende Grundlage entzogen. Erst mit dem Einsatz automatisierter Online-Analyseverfahren bieten sich Möglichkeiten, diese Datenmengen effizient und unter Einhaltung hoher, zeitlicher Anforderungen zu verarbeiten.

3.2   Intrusion Detection

Mit dem Begriff *Intrusion* assoziiert man im Englischen u. a. Einmischung, Störung, Belästigung und Eindringen. In der IT-Sicherheit versteht man darunter einen Oberbegriff für sämtliche Aktionen, die einer Sicherheitspolitik zuwiderlaufen. Beispiele für derartige Aktionen sind u. a. das Plazieren Trojanischer Pferde, die Replikation von Wurmsegmenten, die Kontaminierung von Programmen durch Computerviren, Wörterbuch-Attacken, das Wiedereinspielen abgefangener Datagramme bzw. Netzpakete, Denial of Service-Attacken (z. B. `Finger` Bombing, Mail Bombing) sowie das Ausspähen oder Manipulieren fremder Daten- und Softwarebestände.

Der Begriff *Intrusion Detection* wird vorrangig im Zusammenhang mit Tools bzw. Systemen verwendet, die vorrangig auf *Auditdaten* basierend sicherheitsrelevante Aktionen auf unterschiedlichen Zielsystemen überwachen. Diese verfügen über ein Leistungsvermögen, das jenes elementarer Auswertungsfunktionen, wie selektiver Datenreduktion oder Konvertierung in druckbare Datenformate, wesentlich übersteigt.

3.2.1   Grundlegende Analysekonzepte

Die gegenüber der Verifikation von Zugriffsanforderungen wesentlich anspruchsvollere *semantische* Analyse von Auditdaten erfordert die Verwendung von Verhaltensmodellen. Ziel der Auditanalyse ist eine Klassifikation des Nutzerverhaltens im Hinblick auf IT-Sicherheitsverletzungen. Innerhalb der Intrusion Detection dominieren zwei grundlegende Analysekonzepte:

- die Erkennung von Anomalien, die auf IT-Sicherheitsverletzungen hindeuten (anomaly detection) und

- das Aufspüren bekannter Angriffe mit Hilfe der Signaturanalyse (signature analysis, auch misuse/abuse detection).

Anomalie-Erkennung

Die konzeptionellen Grundlagen des Ansatzes der Erkennung sicherheitsgefährdender Verhaltensanomalien wurden in der ersten Hälfte der 80er Jahre entwickelt. Gestützt auf Arbeiten von Anderson [An80] konzipierte Dorothy E. Denning 1985 ihr Intrusion Detection-Modell [De86], dem sie folgende Hypothese zugrundelegte: *"... exploitation of a system's vulnerabilities involves abnormal use of the system; therefore, security violations could be detected from abnormal patterns of system usage.*" Anders formuliert, IT-Sicherheitsverletzungen sind durch signifikantes anomales Nutzerverhalten gekennzeichnet und davon ausgehend möglicherweise erkennbar. Diesem Ansatz liegen folgende Annahmen zugrunde:

1. Nutzer haben Gewohnheiten, die sich in der Art und Weise ihrer Systembenutzung widerspiegeln.

2. "Normales", für Nutzer typisches Verhalten ist effizient (statistisch) beschreibbar.

Hinter dem Konzept der Anomalie-Erkennung steckt der Wunsch nach einer indirekten verhaltensbasierten Authentifikation, die sich bspw. beim Aufspüren sogenannter Masqueraders[3] als hilfreich erweisen könnte. Denning sieht den Vorteil ihres Ansatzes darin, daß Angriffsszenarien nicht explizit definiert werden müssen. Weisen die Aktionen eines Eindringlings zufällig oder aufgrund entsprechender Informationen die Verhaltenscharakteristik eines regulären Nutzers auf, besteht seitens der Anomalie-Erkennung keine Möglichkeit zur Indikation des Angreifers.

Die Anomalie-Erkennung basiert auf kontinuierlich aktualisierten Referenzprofilen, die in Abhängigkeit vom zugrundeliegenden Auswertungsverfahren unterschiedlich realisiert sein können. Im Fall der Verwendung künstlicher neuronaler Netze [Fo+90, Be92, DeDo92] liegen die Referenzprofile als gelernte konnektionistische Wissensbasen (Wichtungsmatrizen) vor. Statistische Auswertungsverfahren verwenden aus mehreren Parametern (Normalität beschreibende Kriterien) und zugehörigen Toleranzbereichen bestehende Referenzprofile. Exemplarische Parameter sind die Anzahl eigener Zugriffe auf bestimmte Unterverzeichnisse oder der pro Zeitintervall durch eigene Aktivitäten generierten Audit-Records, die Zeiträume und (Wochen-)Tage, an denen ein Nutzer vorrangig anzutreffen ist und die Rechner bzw. Terminals, an denen er arbeitet.

Als recht anspruchsvoll erweist sich die Korrelation parameterspezifischer Anomalien zur Ermittlung einer resultierenden sicherheitskritischen Anomalie. Die statistische Auswertungseinheit des Intrusion Detection-Systems NIDES [An+95] bspw. berechnet Anomalien als Summe gewichteter (w_i) Quadrate von parameterspezifischen Werten (S_i^2) eines n-dimensionalen Referenzprofils:

$$A = w_1 S_1^2 + w_2 S_2^2 + ... + w_n S_n^2. \tag{3.1}$$

---

[3]Masqueraders sind auf fremden Accounts agierende Eindringlinge. Mit der erfolgreichen Authentifikation täuschen sie den Betriebssystemen vor, reguläre Account-Inhaber zu sein.

Die der Verhaltensmodellierung zugrundeliegenden Merkmale werden heuristisch vorgegeben oder "gelernt". Die in den Referenzprofilen enthaltenen Parameter beschreiben die Gesamtheit der auf einem Rechner erfolgenden Aktivitäten, das Verhalten einzelner Nutzer, Programme oder die Netzaktivitäten innerhalb einer Domäne [He+90], wobei Anomalien bzgl. einer Menge überwachter Aktionen innerhalb eines Zeitintervalls [He+90, Lu+92] oder hinsichtlich der erwarteten Aktionsabfolge [Teng+90, DeDo92] ermittelt werden.

Signaturanalyse

Die Signaturanalyse erfolgt auf der Grundlage bekannter und hypothetischer Angriffsszenarien, von deren Modellierung die Anomalie-Erkennung absieht. Voraussetzung für die Erstellung dieser Modelle ist die Kenntnis der signifikanten, meist sequentiell ablaufenden Aktionen sowie der in diesem Zusammenhang relevanten Kontextbedingungen, wie z. B. die Initialisierung bestimmter Variablen in der jeweiligen Systemumgebung. Bei der Modellierung muß Berücksichtigung finden, daß ggf. mehrere Nutzer IT-Sicherheitsverletzungen gemeinsam realisieren. Implementiert werden die Angriffssignaturen mittels Regeln oder als Referenzmuster, die aus mehreren Audit-Records bestehen.

Gelegentlich wird die schwellwertbasierte Erkennung von IT-Sicherheitsverletzungen als eigenständiges Auswertungskonzept aufgeführt (siehe u. a. [Esm+95]). Aktionen, die der schwellwertgestützten Analyse zugrundegelegt werden, sind u. a. fehlgeschlagene Systemanmeldungen[4], I/O-Fehler oder die Anzahl gelöschter Dateien. Es ist jedoch ohne weiteres möglich, dieses einfache Auswertungskonzept innerhalb der Signaturanalyse mit Hilfe von Regeln (und Zählern) zu beschreiben oder derartige Aktionen als Parameter in Referenzprofilen aufzunehmen und entsprechende Toleranzbereiche zuzuordnen.

3.2.2 Die Analysekonzepte im Vergleich

Möglichkeiten und Grenzen der beiden grundlegenden Auswertungskonzepte lassen sich anhand der Abb. 3.2 veranschaulichen. Die hierfür relevanten Verhaltensebenen unterscheiden diskretisierend zwischen sicherheitskonformen und sicherheitsgefährdenden bzw. "normalen", typischen und anomalen Verhaltensmustern.

---

[4]Eine allgemein anerkannte Heuristik besagt, daß bei mehr als drei fehlgeschlagenen Systemanmeldungen für einen Nutzer-Account, die innerhalb kurzer Zeit erfolgen, davon ausgegangen wird, daß es sich beim Initiator der Aktionen nicht um den regulären Account-Inhaber handelt, der sein Passwort vergessen hat, sondern um die Einbruchsversuche eines Angreifers.

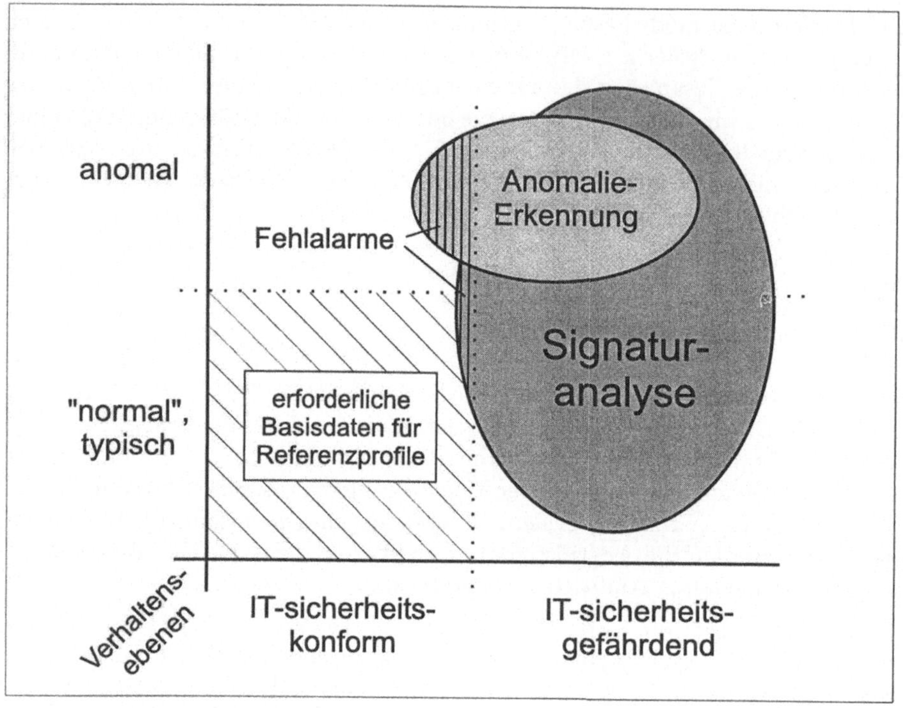

Abbildung 3.2: Grundlegende Intrusion Detection-relevante Verhaltensebenen

Ziel der Signaturanalyse ist es, den Bereich sicherheitsgefährdender Verhaltensmuster möglichst umfassend abzudecken. Dabei spielt ein etwaiger Bezug zur anderen Verhaltensebene keine Rolle. Das Leistungsvermögen der Signaturanalyse
steht und fällt mit dem Umfang, der Qualität und Aktualität der zugrundeliegenden Angriffsmodelle. Aufgrund stetiger Weiterentwicklung im Softwarebereich ist
man allerdings mit einem permanenten Unvollständigkeitsproblem konfrontiert.
Allzuoft werden mit neuen Versionen (oder durch Patches), in denen die eine
oder andere Schwachstelle der Vorgängerversion behoben ist, neue konzeptionelle Schwachstellen und Implementationsfehler eingebracht, die erst nach und nach
als solche erkannt und lokalisiert werden. Letzteres gilt ebenso für Neuentwick-
lungen. Infolgedessen wird es nie möglich sein, Wissensbasen zur Verfügung zu
stellen, mit denen sämtliche bspw. in einer Betriebssystemumgebung theoretisch
möglichen IT-Sicherheitsverletzungen erkannt werden können.

Hinsichtlich der Anomalie-Erkennung sei zunächst darauf verwiesen, daß Denning's Ansatz (lediglich) eine Hypothese zugrundeliegt. In diesem Zusammenhang stellt sich die Frage, ob es ein nutzerspezifisches "normales", typisches Verhalten überhaupt gibt, und falls ja, wie sich dieses manifestiert?

Im Fall einer auf die Überwachung von Nutzern ausgerichteten Anomalie-Erkennung dürfte dies in hohem Maße von Charakter bzw. Mentalität, psychischer Verfassung sowie von wechselnden Arbeitsaufgaben und individuellen Interessen abhängen. Hinzu kommen unterschiedliche Anforderungen an die "Normalität"-beschreibende Modellierung von Nutzern, die unterschiedlichen Berufsgruppen angehören. So dürfte es bspw. weitaus schwieriger sein, geeignete Verhaltensmerkmale zur Beschreibung von Referenzprofilen für Wissenschaftler zu finden, als solche für Sekretärinnen, die wohl vorrangig mit bestimmten Textverarbeitungs- und Zeichenprogrammen, Literaturdatenbanken, ggf. mit E-mail arbeiten und mit einer überschaubaren Anzahl von Betriebssystemkommandos auskommen [So95]. Ein weiteres grundlegendes Problem besteht darin, daß es bislang keine allgemein anerkannten Verfahren zur Identifikation und Evaluierung geeigneter, "Normalität" beschreibender Kriterien gibt, die im Fall signifikanter Abweichungen mit hoher Wahrscheinlichkeit sowohl auf anomale als auch sicherheitsgefährdende Verhaltensmuster hindeuten.

Bei der Generierung von Referenzprofilen ist die Verwendung garantiert *sicherheitskonformer* und zudem *repräsentativer* Trainingsdaten von elementarer Bedeutung. Um die Sicherheitskonformität sicherzustellen, müssen die Trainingsdaten (unter Zuhilfenahme der Signaturanalyse) auf bekannte IT-Sicherheitsverletzungen bzw. verdächtige Aktionssequenzen hin überprüft werden. Auf diese Weise kann verhindert werden, daß ein Audit-gestützt überwachter Nutzer die Anomalie-Erkennung systematisch an sicherheitsgefährdende Verhaltensmuster gewöhnt. Dieses Erfordernis relativiert den von Denning propagierten Vorteil ihres Ansatzes, Angriffsszenarien nicht explizit definieren zu müssen, ganz entscheidend. Damit wird außerdem klar, daß die Anomalie-Erkennung im Gegensatz zur Signaturanalyse nicht autonom eingesetzt werden kann.

Die Signaturanalyse liefert den System- bzw. Sicherheitsadministratoren klare und aufgrund der Regel- bzw. Musterbasiertheit nachvollziehbare Auswertungsergebnisse darüber, welche IT-Sicherheitsverletzungen erkannt wurden, ggf. wie weit diese vorangeschritten sind, sowie welche Nutzer involviert und welche Ressourcen betroffen sind. Im Gegensatz dazu sind die *unscharfen* Ergebnisse der Anomalie-Erkennung (z. B. numerische Werte eines Anomalie-Indikators [Sna$^+$91]) von relativ schwacher Aussagekraft. Zudem bereitet die Interpretation der Auswertungsergebnisse Probleme, so z. B. die Bewertung topographischer Distanzen zwischen aktuell ermittelten und erwarteten Erregungszentren in selbstorganisierenden Merkmalskarten [Ko89].

Infolgedessen erweist sich die Signaturanalyse für die Audit-basierte Überwachung als unverzichtbares Basisauswertungsverfahren. Die Erkennung sicherheitsgefährdender Anomalien kann sich als hilfreich erweisen, um möglicherweise einige Sicherheitsverletzungen aufzuspüren, die von der Signaturanalyse noch nicht als solche erkannt werden können. Nach einer detaillierten Analyse der von der Anomalie-Erkennung signalisierten IT-Sicherheitsverletzungen kann festgestellt werden, ob es die für eine effiziente Modellierung erforderlichen signifikanten Aktionen (Audit-Records) gibt. Ist das der Fall, können entsprechende Angriffssignaturen erstellt und ergänzend in die Wissensbasen eingebracht werden.

3.3   Intrusion Detection-Systeme

Intrusion Detection-Systeme ermöglichen eine leistungsfähige Audit-basierte Überwachung unterschiedlicher Zielsysteme. Der elementare Aufgabenbereich dieser Systeme beinhaltet die Analyse von Auditdaten. Oft realisieren sie eine Vorverarbeitung der Daten, geben die Auswertungsergebnisse über ein graphisches Nutzer-Interface aus und generieren Sicherheitsreports. Architekturell bedingt stellen einige der Systeme des weiteren den Transfer der auf den Zielsystemen aufgezeichneten Auditdaten zu den eigenen Auswertungseinheiten sicher. Optional erfolgt ggf. das Management der in den Zielsystemen befindlichen Auditfunktionen (z. B. Aktivierung, Deaktivierung, Änderung der Aufzeichungsgranularität) sowie die Initiierung von Gegenmaßnahmen. Berichte zur Effizienz des Einsatzes von Intrusion Detection-Systemen sind aus naheliegenden Gründen bislang nicht verfügbar.

3.3.1   Eine Klassifikation

Ausgehend von der Art und Weise der Integration von Intrusion Detection-Systemen in die zu überwachenden Einsatzumgebungen kann grundsätzlich zwischen Betriebssystemkern-integrierten und applikativ realisierten Intrusion Detection-Systemen unterschieden werden (siehe Abb. 3.3). Bislang einziger Vertreter der *kernintegrierten* Intrusion Detection-Systeme ist das System IDA (Intrusion Detection and Avoidance system) [Fi92]. Die hierfür gewählte spezielle Form der Einbettung in einen Sicherheitskern sowie die unmittelbare funktionale Verzahnung von Intrusion Detection-Komponente und Zugriffskontrolle ermöglichen es, erkannte sicherheitsgefährdende Aktionen (Zugriffsanforderungen) unmittelbar nach deren Initiierung abzufangen (siehe Abschnitt 5.3).

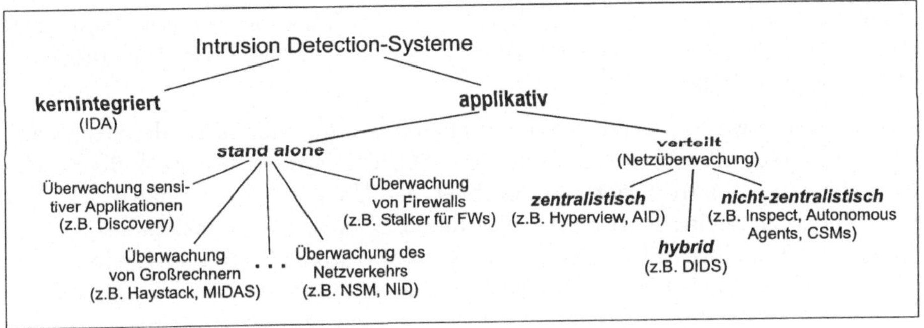

Abbildung 3.3: Klassifikation von Intrusion Detection-Systemen

Applikative Intrusion Detection-Systeme werden erst dann aktiv, wenn sicherheitsrelevante Aktionen bzw. Ereignisse bereits erfolgten und die zugehörigen Auditdaten in den entsprechenden Dateien verfügbar sind. Infolgedessen sind diese Systeme *nicht* in der Lage, sicherheitsgefährdende Aktionen bereits zum Zeitpunkt ihres Stattfindens bzw. ihrer Realisierung zu unterbinden. Im Fall von Betriebssystem-Audit wäre das der Zeitpunkt der Zugriffsanforderung.

Die Gruppe der applikativ realisierten Intrusion Detection-Systeme unterteilt sich in Stand Alone- und verteilte Intrusion Detection-Systeme. Aufgrund der architekturell bedingt unterschiedlich starken Beteiligung von Funktionseinheiten verteilter Intrusion Detection-Systeme an der Auditanalyse kann diese Kategorie in zentralistische, nicht-zentralistische sowie hybride Intrusion Detection-Systeme unterteilt werden. Letztere sind partiell zentralistisch und zentralistisch ausgelegt. Klassifikationskriterium ist hierbei die Positionierung der Auswertungseinheiten innerhalb der verteilten Systemarchitekturen.

3.3.2 Stand Alone-Intrusion Detection-Systeme

Die hinsichtlich ihres Wirkungsbereiches weitgehend lokal orientierten *Stand Alone*-Intrusion Detection-Systeme überwachen u. a. sensitive Applikationen, einzelne (oder mehrere[5]) Rechner und Netzaktivitäten[6]. Beispiele für derartige Sy-

---

[5]Eine Audit-basierte Überwachung mehrerer Rechner durch Stand Alone-Intrusion Detection-Systeme ist u. a. im Fall des Vorhandenseins zentraler (z. B. mittels NFS realisierter) Audit-Trails möglich.

[6]Die auf den im überwachten Netz befindlichen Rechnern vom Betriebssystem-Audit generierten Auditdaten finden hierbei *keine* Berücksichtigung.

steme sind Discovery, Haystack, MIDAS (Multics Intrusion Detection and Alerting System), der NSM (Network Security Monitor), der NID (Network Intrusion Detector) und Stalker für Firewalls.

Discovery überwacht die Transaktionen einer Kreditdatenbank auf der Grundlage applikationsspezifischer Auditdaten [Tener89]. Das System Haystack überwacht Betriebssystem-Audit-basiert Großrechner der US Air Force [Sma88], MIDAS auf analoge Weise den zentralen Großrechner Dockmaster des National Computer Security Centers [Se+88]. Der NSM [He+90] sowie dessen Weiterentwicklung NID analysieren den innerhalb eines lokalen Netzes erfolgenden Netzverkehr auf der Grundlage applikativ generierter Netz-Auditdaten. Stalker für Firewalls wertet von Proxies generierte, applikationsspezifische Netz-Auditdaten aus.

3.3.3   Verteilte Intrusion Detection-Systeme

Verteilte Intrusion Detection-Systeme dienen bislang primär der Überwachung von Netzen. Entscheidend für das Leistungsvermögen der hierbei eingesetzten Tools ist neben den verwendeten Auswertungseinheiten der Informationsgehalt der zugrundeliegenden Auditdaten. Warum ist das so?

Das Funktionieren von Rechnernetzen wird grundlegend vom Zusammenwirken der Betriebssysteme und der Netzdienste, die auf den in den Netzen befindlichen Rechnern installiert sind, bestimmt. Folglich ist für Intrusion Detection-Systeme, die sämtliche sicherheitsrelevanten Aktionen innerhalb eines Rechnernetzes überwachen sollen, eine umfassende Sicht auf Aktionen, die "auf" *und* "zwischen" den Rechnern ablaufen, erforderlich. Um das sicherzustellen, müssen der Analyse sowohl Betriebssystem- *als auch* Netz-Auditdaten zugrundegelegt werden.

Diese Differenzierung ist sinnvoll, da Betriebssystem-Auditfunktionen (z. B. in UNIX [Rich+97], Windows NT) bislang gravierende Schwächen bei der Erfassung und Protokollierung von Netzaktivitäten aufweisen. Infolgedessen sind zahlreiche Angriffe, die über die Inanspruchnahme von Netzdiensten erfolgen, aufgrund des Fehlens entsprechender Netz-Auditdaten, für ausschließlich Betriebssystem-Audit-basierte, verteilte Intrusion Detection-Systeme *nicht* erkennbar. Beispiele für derartige Netzangriffe sind IP Spoofing und Port Probing [Vi96].

Zentralistisch und *hybrid* ausgelegte verteilte Intrusion Detection-Systeme bestehen im wesentlichen aus mehreren, auf den zu überwachenden Rechnern befindlichen Monitoring-Agenten und einer zentralen Auswertungsstation. Die Monitoring-Agenten der zentralistischen verteilten Intrusion Detection-Systeme führen lediglich eine Vorverarbeitung der auf den zu überwachenden Systemen anfallenden Auditdaten durch. Diese umfaßt u. a. Filterung und Konvertierung.

Die eigentliche Analyse der Auditdaten hingegen erfolgt auf den zentralen Überwachungsstationen. Beispiele für zentralistische verteilte Intrusion Detection-Systeme sind Hyperview [CST94] und AID (Adaptive Intrusion Detection System), das in Abschnit 7.1 vorgestellt wird.

Das DIDS (Distributed Intrusion Detection System) ist ein Vertreter der Klasse der hybriden verteilten Intrusion Detection-Systeme. Es besteht ebenfalls aus mehreren Agenten, einem speziellen NSM-basierten LAN-Monitor und einer zentralen Überwachungsstation. Der LAN-Monitor ist auf einem Rechner installiert, dessen Netzschnittstelle im Promiscuous-Modus betrieben wird. Dieser Modus ermöglicht im Fall des Vorhandenseins von Broadcast im zugrundeliegenden Subnetz das Empfangen *sämtlicher* im Netz transferierter Datenpakete. Auf diese Weise ist die Aufzeichnung (und Analyse) der innerhalb der überwachten Domäne transferierten Datenpakete möglich.

Im Gegensatz zu den Agenten zentralistischer verteilter Intrusion Detection-Systeme sind diese Komponenten des DIDS auch mit Funktionen zur Signaturanalyse und Anomalie-Erkennung (integrierte Haystack-Komponente) ausgestattet und somit zur Erkennung lokaler Host-basierter IT-Sicherheitsverletzungen befähigt. Außerdem signalisieren sie der zentralen Auswertungstation das Auftreten von als sicherheitskritisch vordefinierten Einzelaktionen. In der Überwachungsstation werden die von den Monitoring-Agenten und dem LAN-Monitor gelieferten Auditdaten im Netzkontext korreliert und ausgewertet. Die vom NSM, unabhängig vom Betriebssystem-Audit innerhalb der überwachten Domäne, generierten Netz-Auditdaten enthalten Angaben zu Quelle, Ziel, und zum in Anspruch genommenen Dienst der Netzaktivität sowie eine Verbindungsreferenz.

Im Gegensatz zu den zentralistischen verteilten Intrusion Detection-Systemen befinden sich bei *nicht-zentralistischen* Systemen auf allen zu überwachenden Rechnern weitgehend identische und untereinander interagierende Auswertungseinheiten. Mit der Entwicklung derartiger Systeme verbundene maßgebliche Designziele sind eine weitgehende Reduzierung der durch den Transfer eines Großteils der Auditdaten zu einer zentralen Auswertungs- bzw. Überwachungsstation verursachten Netzbelastung und die Kompensation von Folgen, die mit einem (angriffsbedingten) Ausfall zentraler Auswertungsstationen verbunden wären.

Bislang sind allerdings im Bereich der nicht-zentralistischen Intrusion Detection-Systeme nur sehr wenige Entwicklungsaktivitäten zu verzeichnen. Von Inspect, das am CEFRIEL in Mailand entworfen wurde, liegt nur ein unveröffentlichtes Konzeptpapier [Vi95] vor. Die an der Purdue University auf der Grundlage genetischer Algorithmen entwickelten Autonomen Agenten [CroSpa95] wurde zunächst ansatzweise für experimentelle Funktionsdemonstrationszwecke implementiert. 1998 entstand ein zweiter, inzwischen frei verfügbarer Prototyp (AAFID2) [Ba$^+$98].

Das erste, prototypisch realisierte nicht-zentralistische verteilte Intrusion Detection-System, welches eine grundlegende Funktionsfähigkeit aufwies, sind die an der Texas A&M University in College Station entwickelten CSMs (Cooperating Security Managers) [Whi$^+$96]. Deren Aufbau und prinzipielle Funktionsweise soll im folgenden kurz beschrieben werden.

Jeder CSM besteht aus Funktionseinheiten zur Erfassung von auf Kommando-ebene generierten Auditdaten, einer lokalen Auswertungseinheit, einem zentralen Security Manager, einem Intruder Handler (zur Initiierung von Gegenmaßnahmen), einer TCP-basierten Kommunikationskomponente und einem graphischen Nutzer-Interface. Auf jedem überwachenten Rechner läuft ein CSMs. Jeder dieser CSM's überwacht Aktivitäten jener Nutzer, die sich innerhalb des überwachten LAN zu allererst auf *seinem* Rechner eingeloggt haben. Für den Fall, daß die überwachten lokalen Nutzer auch auf anderen Rechnern aktiv werden, wird über *Handshaking* sichergestellt, daß der für die Überwachung des Nutzers zuständige CSM die zu den dortigen Aktivitäten generierten Auditdaten erhält.

Ausgehend vom derzeitigen Stand der Entwicklungen dominieren, sowohl im Forschungs- und Entwicklungsbereich als auch bei den kommerziellen verteilten Intrusion Detection-Systemen, zentralistische und hybride analytische Ansätze.

3.3.4   Ein konzeptioneller Vergleich verteilter IDS

Bei den zentralistischen verteilten Intrusion Detection-Systemen erweist sich als nachteilig, daß nahezu sämtliche der auf den überwachten Zielsystemen generierten Auditdaten zu einer zentralen Auswertungsstation übertragen werden müssen. Trotz datenreduzierender Vorverarbeitung und Datenkompression kann das eine nicht unerhebliche Inanspruchnahme von Netzübertragungskapazität verursachen.

Nicht-zentralistische verteilte Intrusion Detection-Systeme verlagern das Netzbelastungsproblem der zentralistischen Systeme letztendlich in die lokale Auswertung unter Verwendung einer Vielzahl gleichartiger, untereinander kooperierender Auswertungseinheiten. Diese Systeme, stellvertretend die CSMs, transferieren lediglich eine Teilmenge der auf den überwachten Rechnern generierten Auditdaten. Die Größe der zu übertragenden Auditdaten hängt vom jeweiligen "Bewegungsprofil" der Nutzer im überwachten Netz ab. Arbeitet ein Nutzer fast ausschließlich auf einem bestimmten Rechner, ist die Menge der zu transferierenden Auditdaten relativ klein.

Problematisch ist allerdings bei den CSMs, daß alle überwachten Rechner neben dem lokalen Audit (ggf. einschließlich der lokalen Speicherung der Daten) lokale Auswertungseinheiten Ressourcen-mäßig verkraften müssen. Ungeachtet der unabdingbaren Integritätssicherung lokaler Auditdaten besteht ein weiteres grundlegendes Problem im Zugriffsschutz der Wissensbasen aufgrund ihrer hochsensitiven Angriffssignaturen und Referenzprofile. Dessen Gewährleistung sollte im Fall flächendeckender Überwachung lokaler oder großräumigerer Netze für zentralistische verteilte Intrusion Detection-Systeme weitaus einfacher realisierbar sein als bei nicht-zentralistischen. Wird bspw. ein aus mehreren Solaris-Arbeitsstationen bestehendes lokales Netz von zentraler Stelle aus überwacht, könnte die Überwachungsstation mit einem Betriebssystem ausgestattet werden, dessen Funktionalität einer der Sicherheitsreferenzklassen (F-)B$\{1, 2, 3\}$ entspricht (z. B. Trusted Solaris 2.x).

3.4 Adressierung aktueller Sicherheitsprobleme

Mit dem Einsatz von Audit und Intrusion Detection-Systemen ist es möglich, einige brisante Probleme im IT-Sicherheitsbereich zu kompensieren. Beispiele hierfür sind das Insiderproblem, die Verletzlichkeit sensitiver Systemumgebungen und trojanische Software.

3.4.1 Das Insiderproblem

Auf einige technische Ursachen der IT-Unsicherheit wurde in Abschnitt 2.3 bereits hingewiesen. Als ein weiterer entscheidender Faktor erweisen sich in diesem Zusammenhang die regulären Nutzer von IT-Systemen. Diese Personengruppe hat Gelegenheit, sich im Laufe der Jahre, z. B. aus Gründen des Selbstschutzes, mit den IT-Schwachstellen in ihrer jeweiligen Arbeitsumgebung vertrautzumachen.

Insider können auf unterschiedliche Art und Weise in IT-Sicherheitsverletzungen involviert sein, u. a. durch:

- unmittelbare aktive Beteiligung,

- indirekte kollaborative Unterstützung, z. B. durch vorsätzliches ineffizientes Setzen der Zugriffsrechte für bestimmte Ressourcen oder die Weitergabe von Passworten, sowie

- Kenntnis und passive Duldung.

Die Auseinandersetzung mit dem *Insiderproblem* ist insofern von elementarer Bedeutung, da fast alle IT-Sicherheitskonzepte auf der Annahme basieren, daß sich reguläre Nutzer sicherheitskonform verhalten. Allzu oft wird diesem Erfordernis in der Praxis aufgrund von unzureichenden Kenntnissen oder mangelndem Sicherheitsbewußtsein nicht entsprochen. Diverse statistische Erhebungen im Bereich (Computer-)Wirtschaftskriminalität belegen, daß reguläre Nutzer den Großteil offiziell bekannt gewordener Straftaten begingen. Der im Rahmen einer Studie der Data Processing Management Association für diese Personengruppe ermittelte Wert beläuft sich auf 81% (siehe Abb. 3.4).

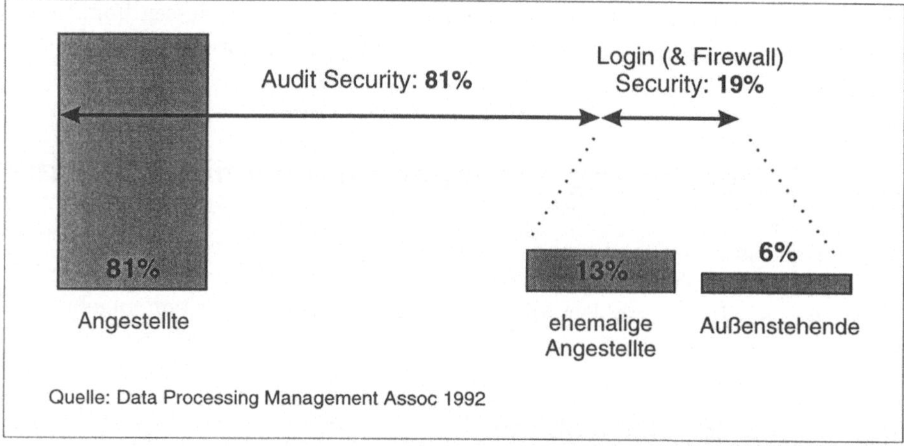

Abbildung 3.4: Risikopersonengruppen im kommerziellen Bereich

Um Mißverständnisse zu vermeiden, soll ausdrücklich betont werden, daß es im Kontext Audit-basierter Überwachung *nicht* darum geht, die persönliche Integrität sämtlicher regulären Nutzer im Hinblick auf das Insiderproblem von vornherein infrage zu stellen bzw. ihnen entgegengebrachtes Vertrauen aufzukündigen.

3.4.2 Verletzlichkeit sensitiver Systemumgebungen

Im Gegensatz zum kommerziellen Bereich gibt es aus naheliegenden Gründen keine vergleichbaren offiziellen Angaben zu den mit Insiderangriffen verbundenen Risiken im militärischen Bereich. Aufschlußreiche Ergebnisse über die Sicherheit militärischer IT-Systeme in den USA liefert eine Untersuchung der Defense Information Systems Agency (DISA) [GAO96]. Im Rahmen des *Vulnerability Ana-*

lysis and Assessment Program wurden zwischen 1992 und 1996 Rechner des US-Militärs und der Verteidigungsbehörden zu Testzwecken systematisch IT-Angriffen ausgesetzt. Von den ca. 24.700 erfolgreichen Testangriffen wurde mit 988 Vorfällen lediglich ein Bruchteil erkannt (siehe Abb. 3.5). Im referenzierten Dokument finden sich keine klaren Aussagen darüber, ob auch fehlgeschlagene, von den vorhandenen Schutzfunktionen abgewehrte Testangriffe erkannt wurden. Diese Informationen sind ebenfalls von Bedeutung.

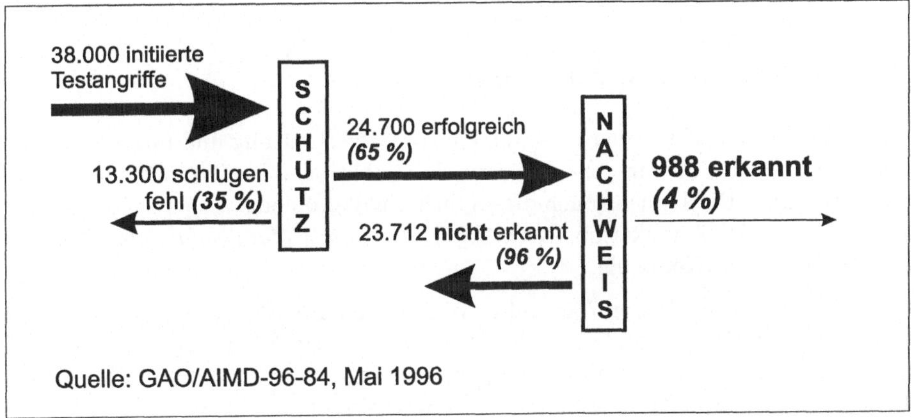

Abbildung 3.5: Testangriffe auf Rechner des US-Militärs durch die DISA

In Hochrechnungen geht man davon aus, daß militärische IT-Systeme 1995 ca. 250.000 realen, extern initiierten IT-Angriffen ausgesetzt waren. Weiterhin wird eingeschätzt, daß nur eine von 150 Attacken letztendlich erkannt (und gemeldet) wird [GAO96]. Entsprechend dem Wachstum des Internets prognostiziert man eine jährliche Verdopplung dieser Vorfälle. Diese Schätzungen decken sich mit der steigenden Anzahl offiziell weltweit gemeldeter Einbrüche in IT-Systeme im zivilen Bereich. Die Anzahl der offiziell gemeldeten Einbrüche in militärische IT-Systeme stieg von 53 Vorfällen im Jahre 1992 auf 559 Vorfälle im Jahre 1995. Dabei wurden sensitive Daten und Software kopiert, modifiziert bzw. gelöscht, Hintertüren zur Umgehung vorhandener Sicherheitsfunktionen installiert sowie *Shutdowns* und Abstürze von Betriebssystemen initiiert.

Die militärische Infrastruktur der USA umfaßt derzeit mehrere Millionen Computer, 10.000 lokale Netze, 100 Weitverkehrsnetze, 200 Kommandozentralen sowie 16 "central computer processing facilities" bzw. Megazentren. In Anbetracht der Bedeutung dieser Infrastruktur wertet man die gegen sie gerichteten Attacken als ernstzunehmende Gefahr für die nationale Sicherheit, der es konsequent gegenzusteuern gilt. Dementsprechend wurden 1993 das Air Force Information Warfare Center (mit seinem Computer Emergency Response Team und Countermeasures Engineering Team) sowie 1995 bzw. 1996 analoge Zentren bei der Navy und der Army geschaffen. Weitere Aktivitäten jüngeren Datums sind das von der US Air Force realisierte, im Bereich der Anomalie-Erkennung angesiedelte Programm *Automated Security Incident Measurement* sowie das seit Juni 1995 in Entwicklung befindliche *Automated Intrusion Monitoring System (AIMS)* der US Army.

3.4.3   Trojanische Software

Ein weiteres aktuelles Sicherheitsproblem ist die Verbreitung und mißbräuchliche Ausnutzung von Software, die um verdeckte subversive Zusatzfunktionalität erweitert wurde. Die Dimensionen dieses Sicherheitsproblems lassen sich exemplarisch anhand der Applikation *PROMIS (Prosecutor's Management Information System)* erahnen [KoSpe95].

PROMIS wurde Ende der 70er Jahre von der US-amerikanische Softwarefirma *Inslaw* entwickelt. Es handelte sich dabei um ein für die damalige Zeit sehr leistungsfähiges Programm, mit dessen Hilfe beliebige Datensätze unterschiedlicher Datenbanken bearbeitet, verknüpft und analysiert werden konnten. Eine fortgeschrittene Version bot bereits Möglichkeiten zur Datenfernübertragung.

Kurz nach dem Anlaufen der erfolgreichen kommerziellen Vermarktung dieses Produkts trieben nachweislich Regierungsbehörden die Firma gezielt in den Ruin und sicherten sich den exklusiven Zugriff auf den Quellcode der begehrten Software. Nachdem dies gelungen war, wurden nachgewiesenermaßen im Auftrag der NSA sowie des israelischen Auslandsgeheimdienstes MOSSAD *Backdoors* eingebaut, um geheime Daten jener Institutionen und Firmen anzapfen zu können, die PROMIS kaufen und einsetzen würden. In den folgenden Jahren wurde die Software über Tarnfirmen weltweit an Banken, öffentliche Behörden und Sicherheitsorgane - auch in Deutschland[7] - vertrieben.

Die Software kam (bzw. kommt) an exponierten Stellen zum Einsatz, so z. B. bei Interpol in Frankreich und im NATO-Hauptquartier SHAPE in Brüssel. Es gab bzw. gibt PROMIS-Applikationen in mehreren Filialen des Schweizer Bankvereins, beim britischen M.I. 5 (Spionageabwehr) sowie bei diversen US-amerikanischen Geheimdiensten (u. a. CIC, DIA) [KoSpe95, S. 312]. PROMIS

---

[7]Eine offizielle, an die Bundesregierung gerichtete Anfrage, ob PROMIS bei bundesdeutschen Regierungsbehörden eingesetzt wird, wurde mit einem knappen "Nein." beantwortet [DuD96]. Möglicherweise wurde die Frage in der falschen Zeitform formuliert.

wurde (und wird zum Teil vermutlich noch heute) zur Terrorismusbekämpfung, aber auch zu Zwecken der politischen Aufklärung und der Wirtschafts- und Militärspionage genutzt.

Testapplikationen in den vergangenen Jahren deuten darauf hin, daß es durchaus als sinnvoll erachtet wird, entsprechende Programme Audit-basiert zu überwachen. Ein Beispiel hierfür ist interessanterweise die beim FBI eingesetzte PROMIS-Weiterentwicklung *FOIMS (Field Office Information System)*. Das Monitoring von FOIMS erfolgt mit dem Intrusion Detection-System IDES [Lu$^+$92].

Kapitel 4

Audit vs. Datenschutz?

Der Einsatz der Sicherheitsfunktion Audit erfolgt im partiell konträren Spannungsfeld von IT-Sicherheit und Datenschutz. Ein fundamentaler Gegensatz besteht bspw. zwischen der Zurechenbarkeit und den Datenschutzbelangen Anonymität und Unverknüpfbarkeit. Als besonders problematisch erweist sich die mißbräuchliche Analyse von Auditdaten.

Zunächst werden im folgenden Möglichkeiten zur Beeinträchtigung des Datenschutzes durch mißbräuchliche Auswertung von Auditdaten exemplarisch erläutert und mit einer Bestandsaufnahme zur Verfügbarkeit hierfür erforderlicher Tools unterlegt. Davon ausgehend erfolgt eine Untersuchung Auditrelevanter Vorgaben in der bundesdeutschen Datenschutzgesetzgebung sowie eine Ermittlung von Befindlichkeiten potentiell Betroffener. Im Ergebnis dieses interdisziplinären Herangehens wird ein Ansatzpunkt für datenschutzorientiertes Audit herausgearbeitet.

4.1 Das Gefährdungspotential

Audit ist eine Sicherheitsfunktion, die personenbezogene Daten im Sinne des Datenschutzes protokolliert und (mit Tools oder Intrusion Detection-Systemen) analysiert. Die mit dieser Sicherheitsfunktion generierten Daten liefern detaillierte Aufschlüsse über die von Nutzern systemintern initiierten Aktivitäten. Um gravierende IT-Sicherheitsverletzungen aufspüren sowie Eindringlinge bzw. Nutzer, die ihre regulären Zugriffsrechte mißbräuchlich einsetzen, identifizieren und lokalisieren zu können, kann sich die Überwachung zahlreicher, im Extremfall sogar *aller* regulären Nutzer (in einer speziellen Einsatzumgebung) als erforderlich erweisen.

Das klassische Audit und Intrusion Detection beeinträchtigen elementare Datenschutzbedürfnisse (insbesondere Unbeobachtbarkeit[1]) der überwachten Nutzer. Da sich die überwiegende Mehrzahl der regulären Nutzer weitgehend sicherheitskonform verhält, sind von der Beeinträchtigung *fast alle* Nutzer betroffen.

Als problematisch erweist sich die auf der Grundlage von Auditdaten erfolgende Überwachung insofern, weil dabei auch Ziele verfolgt werden können, die *außerhalb* des Interesses der IT-Sicherheit liegen, z. B.:

- quantitative Leistungsüberwachung,

- detaillierte Tätigkeitsanalysen (Verhaltensüberwachung) und

- systematische Erstellung von Persönlichkeitsprofilen.

Zur Konkretisierung einige Beispiele: Über die Feststellung der von Nutzern verwendeten Systemkommandos könnte *ohne Kenntnis der Betroffenen* bspw. der aktuelle Stand der Einarbeitung in die Nutzung eines neuen Betriebssystems in Erfahrung gebracht werden. Des weiteren ist es prinzipiell möglich, über die Auswertung von Audit- und Accountingdaten bspw. die Anwesenheit von Nutzern an Rechnern in Erfahrung zu bringen.

Im Rahmen einer detaillierten Leistungsüberwachung ist nachvollziehbar, welchen Tätigkeiten ein Nutzer an seinem computergestützten Arbeitsplatz während seiner Arbeit *tatsächlich* nachgeht und inwiefern diese für die Erledigung seiner eigentlichen Arbeitsaufgaben erforderlich sind. Mit dem von Clyde Digital Systems entwickelten Programm "CNTRL" war es Managern bspw. möglich, die von ihren Unterstellten an deren Terminals getätigten Tastatureingaben (Keystroke Monitoring, Audit auf Kommandoebene) und sämtliche Bildschirmausgaben mitlesen und bei Bedarf protokollieren zu können. Des weiteren wurden Programme entwickelt, die ausgehend von Protokolldaten die Produktivität von Beschäftigten ermittelten und diese mit der Produktivität anderer Beschäftigter verglichen. Eines dieser Programme streßte überwachte Nutzer mit auf den Bildschirmen zur Anzeige gebrachten Nachrichten wie: "You are not working as fast as the person next to you." [MaShe86].

Im Fall der Nutzung öffentlicher Netzdienste ist es möglich, über die Auswertung von WWW-Adressen, auf die zugegriffen wurde, Persönlichkeitsprofile zu erstellen. Dies könnte z. B. anhand von Verlagen, mit denen der Nutzer Verbindung aufnahm, regelmäßig gelesener Zeitungen, Zeitschriften, News-Gruppen

---

[1]Gemeint ist hierbei eine Unbeobachtbarkeit, die sich sowohl auf die Sichtbarkeit von Prozessen auf Rechnern als auch auf Audit-basierte Nachvollziehbarkeit von Nutzeraktionen unter permanenter Offenlegung von Nutzeridentifikatoren bezieht.

oder Mailing-Listen erfolgen. Es liegt auf der Hand, daß man hierbei mitunter sehr persönliche Daten in Erfahrung bringen kann, die für Außenstehende absolut tabu sein sollten. Außerdem versteht sich von selbst, daß derartige Daten zum Nachteil der Betroffenen (z. B. Mobbing) verwendet werden können.

4.2 Verfügbarkeit leistungsstarker Analyse-Tools

Bis vor wenigen Jahren gab es in Ermangelung leistungsfähiger Analyse-Tools nur unzureichende Möglichkeiten für eine effiziente, möglicherweise mißbräuchliche Auswertung großer Auditdatenmengen. Dies hat sich seit Beginn der 90er Jahre grundlegend geändert. Zur Verdeutlichung dieser Entwicklung folgen ein technischer Rückblick und eine aktuelle Bestandsaufnahme.

Ein Großteil der seit Mitte der 80er Jahre getätigten Entwicklungen im Bereich Intrusion Detection wurde und wird nach wie vor vom Militär, von Geheimdiensten sowie Regierungsbehörden der Vereinigten Staaten von Amerika in Auftrag gegeben (siehe dazu Tabelle 4.1, u. a. [Sma88, Sna$^+$91, Lu$^+$92]). Außerdem entstanden in den USA auch an anderen, in der nachfolgenden Tabelle nicht aufgeführten Universitäten und Firmen einige in Eigenregie entwickelte Forschungsprototypen, siehe u. a. [Teng$^+$90, GuGli92, Il92] bzw. [BauKo88, Moi92, Va$^+$92].

Die bisherigen europäischen Forschungs- und Entwicklungsaktivitäten im Bereich Intrusion Detection nehmen sich bescheidener aus. Ergebnisse sind das PDAT (Protocol Data Analysis Tool) von Siemens [WeiBau90], das an der Universität Hamburg entwickelte, in Abschnitt 5.3 detaillierter vorgestellte IDA (Intrusion Detection and Avoidance)-System [Fi92], ASAX (Advanced Security Audit Trail Analyzer on UNIX) der Universität Namur [HaMa92, Mou98], das auf genetischen Algorithmen basierende Intrusion Detection-Tool GASSATA der SUPELÉC [Me93, Me98], die im Rahmen des RACE II - Forschungsprojektes SecureNet realisierten Arbeiten sowie das an der BTU Cottbus entwickelte AID (Adaptive Intrusion Detection System) [So96] (siehe Abschnitt 7.1).

Mit Beginn der 90er Jahre kamen erste, in den USA entwickelte, kommerzielle Intrusion Detection-Systeme auf den Markt, so z. B. ComputerWatch von den AT&T Bell Laboratories [DoRa90], Stalker der Haystack Laboratories, Inc. [SmaWi94], der POLYCENTER Security Intrusion Detector von DEC sowie CMDS (Computer Misuse Detection System) der Science Applications International Corporation [Pro94]. Die meisten dieser Systeme überwachen UNIX-Variante, einige wenige MVS mit RACF, OpenVMS bzw. Windows NT.

Projekte	Realisierung	Auftraggeber/Finanzierung
CMDS	SAIC	u. a. Naval Ocean System Center der U.S. Navy
COAST	Purdue University in West Lafayette, Indiana	u. a. DARPA (Defense Advanced Research Projects Agency), NSA, U.S. Air Force (USAF) Information Warfare Center
DIDS	University of California in Davis	USAF, Lawrence Livermore National Laboratories (LLNL)
GrIDS	University of California in Davis	DARPA
Haystack	Tracor Applied Sciences, Inc.	USAF Cryptologic Support Center, Kelly AFB, San Antonio, Texas
IDES	SRI International	U.S. Navy, Space and Naval Warfare Command (SPAWAR)
JiNao	North Carolina State University	DARPA
NetSTAT	University of California at Santa Barbara	DARPA
NID	University of California in Davis, LLNL	u. a. Defense Information Systems Agency (DISA)
NIDES	SRI International	U.S. Navy, SPAWAR

Tabelle 4.1: Einige militärisch geförderte IDS-Entwicklungen

Etwa ab Mitte der 90er Jahre erfolgte eine zwischenzeitlichen Orientierung auf Intrusion Detection-Systeme, die ausschließlich den Netzatenverkehr überwachten. Beispiele für derartige Intrusion Detection-Tools sind NetRanger, RealSecure (unterhalb der Version 3.0) und StakeOut. Die offensichtlichen technologischen Grenzen dieses Ansatzes wurden recht bald deutlich [PtaNew98, Esc99]. Seit dem erfolgt eine erneute zunehmende Orientierung hinsichtlich rechnerbasierten Ansätzen (z.B. eNTrax, Intruder Alert).

Das erste in Europa entwickelte kommerzielle Intrusion Detection-System ist das Hyperview[2] der Firma CS Telecom (früher CSEE) [CST94]. Dieses Tool entstand im Rahmen eines 1990 - 1993 realisierten gleichnamigen Forschungspro-

---

[2]Von diesem Produkt gibt es bislang lediglich zwei (Test-)Installationen bei der französischen Raumfahrtbehörde CNES sowie innerhalb eines sensitiven Netzes der France Telecom. Die Vertriebsbemühungen wurden 1995 eingestellt.

jektes [DeDo92]. Seit 1998 verfügt mit der secunet Security Networks GmbH mit IDEAS (Intrusion Detection & Alerting System) ein deutsches Unternehmen über eine eigene Plattform zur Realisierung kundenspezifischer Intrusion Detection-Systeme.

Die eingangs erwähnte, bis Ende der 80er Jahre vorherrschende Situation der Nicht-Realisierbarkeit einer effizienten automatischen Auditanalyse ist, mit der allmählich zunehmenden Verbreitung von Intrusion Detection-Systemen[3], im Begriff, sich gravierend zu ändern. Dadurch werden die beim Audit anfallenden beträchtlichen Datenmengen technisch handhabbarer und verursachen ein zunehmendes Konfliktpotential bzgl. des Datenschutzes der überwachten Nutzer.

Mit der Verfügbarkeit kommerzieller Intrusion Detection-Systeme sind nunmehr nicht nur Militärs, Geheimdienste und Regierungsbehörden der USA, sondern auch "datenintensive" Unternehmen, wie Banken, Versicherungen und Consulting-Firmen, Möglichkeiten für eine effiziente, weitgehend automatisierte Überwachung ihrer Netze gegeben. Intrusion Detection ist für die exemplarisch genannten Firmen von Bedeutung, da deren wirtschaftliche Existenz eng mit der verläßlichen Funktionsweise ihrer IT-Systeme und dem Schutz der darin befindlichen Software und Daten abhängt.

Globale Vernetzung sowie permanent steigende Zahlen von Einbrüchen in IT-Systeme von Firmen und öffentlichen Institutionen sowie das bisherige Unvermögen, IT-Sicherheitsverletzungen erkennen, detailliert nachvollziehen und effizient bekämpfen zu können, scheinen allmählich ein Umdenken bei den Betroffenen, insbesondere bei den Entscheidungsträgern zu bewirken. So realisieren in der Bundesrepublik Deutschland bspw. sowohl Regierungsbehörden als auch einige große Firmen (z. B. IBM) den Aufbau eigener Kapazitäten im Bereich der automatischen Einbruchserkennung. Im Zuge dieser Veränderungen kommt der Berücksichtigung des Datenschutzes Audit-basiert überwachter Nutzer zunehmende Bedeutung zu.

4.3   Datenschutzrechtliche Bestandsaufnahme

Im folgenden werden datenschutzrechtliche Vorgaben der bundesdeutschen Gesetzgebung, die für Audit an sich sowie den Einsatz dieser Sicherheitsfunktion Bedeutung haben, untersucht.

---

[3]Die US-amerikanische Aberdeen Group schätzte für 1998 ein Marktvolumen für Intrusion Detection-Systeme von 100 Mio. USD, was einer Verdopplung gegenüber 1997 entsprechen würde [Clark98].

4.3.1 Informationelle Selbstbestimmung und Audit

Fundamentale Grundsätze des bundesdeutschen Datenschutzes, wie das *Recht auf informationelle Selbstbestimmung*, wurden 1983 im Urteil des Bundesverfassungsgerichts zum Volkszählungsgesetz [BVerfG83] formuliert:

"1. Unter den Bedingungen der modernen Datenverarbeitung wird der Schutz des Einzelnen gegen unbegrenzte Erhebung, Speicherung, Verwendung und Weitergabe seiner persönlichen Daten von dem allgemeinen Persönlichkeitsrecht des Art. 2 (1) in Verbindung mit Art. 1 (1) Grundgesetz umfaßt. *Das Grundrecht gewährleistet insoweit die Befugnis des Einzelnen, grundsätzlich selbst über die Preisgabe und Verwendung seiner persönlichen Daten zu bestimmen.*"

Davon ausgehend ist die informationelle Selbstbestimmung als Ausdruck der Menschenwürde und des Rechts auf freie Entfaltung der Persönlichkeit anzusehen und hat infolgedessen Grundrechtcharakter. Das Bundesverfassungsgericht formulierte ferner:

"2. Einschränkungen dieses Rechts auf 'informationelle Selbstbestimmung' sind nur im überwiegenden Allgemeininteresse zulässig. Sie bedürfen einer verfassungsgemäßen gesetzlichen Grundlage, die dem rechtsstaatlichen Prinzip der Normenklarheit entsprechen muß. Bei seinen Regelungen hat der Gesetzgeber ferner den Grundsatz der Verhältnismäßigkeit zu beachten. Auch hat er organisatorische und verfahrensrechtliche Vorkehrungen zu treffen, welche der Gefahr einer Verletzung des Persönlichkeitsrechts entgegenwirken. ..."

Das Gebot der *Normenklarheit* besagt, daß die Voraussetzungen für Einschränkungen der Grundrechte und deren Umfang für jeden Bürger hinsichtlich ihrer gesetzlichen Grundlage erkennbar geregelt sein müssen. Gemäß dem *Verhältnismäßigkeitsgrundsatz* dürfen Verarbeitungsverfahren hinsichtlich ihrer Intensität bzw. ihres Umfangs nicht unverhältnismäßig zur Bedeutung der Sache sowie zu den damit verbundenen (hinzunehmenden) Beeinträchtigungen der Betroffenen stehen.

Außerdem müssen die Verarbeitungsverfahren für die Erreichung der angestrebten Verarbeitungsziele geeignet und erforderlich sein. Das zum Verhältnismäßigkeitsgrundsatz gehörende Gebot der *Erforderlichkeit* der Erhebung und Verarbeitung personenbezogener Daten verlangt, daß es keine alternativen Maßnahmen geben darf, die für die Erreichung der angestrebten Zwecke ebenso dienlich sind, jedoch in geringerem Umfang Beeinträchtigungen des informationellen Selbstbestimmungsrechts nach sich ziehen [FiSchie96].

Bezogen auf Audit könnte bspw. eine Rolle spielen, inwiefern für einige Einsatzbereiche eine stichprobenartige anstelle einer permanenten Audit-basierten

Überwachung ein in etwa ebenso wirksames, jedoch wesentlich datensparsameres Mittel darstellt.

Die Beurteilung der Verhältnismäßigkeit hängt u. a. von der Sensitivität der zu verarbeitenden personenbezogenen Daten ab. Wie vom Bundesverfassungsgericht festgestellt wurde, kann deren Sensitivität nicht allein danach beurteilt werden, wie intim die Verhältnisse sind, die diese Daten beschreiben. Weiterhin wurde festgestellt, daß es unter den Bedingungen der automatisierten Datenverarbeitung *keine* sogenannten belanglosen Daten gibt. Die Sensitivität von Daten ergibt sich primär aus der Art und Weise ihrer *Verarbeitung* [Si84]. Werden sicherheitsrelevante Aktionen in Form von Auditdaten dokumentiert, um IT-Sicherheitsverletzungen aufzuspüren, so erhalten diese Daten eine andere Sensitivität, falls sie zu Verhaltens- oder Leistungsanalysen herangezogen werden.

Ausgehend von dieser exemplarischen Feststellung ergibt sich ein weiterer wichtiger Datenschutzgrundsatz - das *Zweckbindungsgebot*: Danach setzt ein Zwang zur Angabe personenbezogener Daten voraus, daß der Verwendungszweck bereichsspezifisch und präzise bestimmt wurde und die verwendeten Daten für diesen Zweck geeignet und erforderlich sind. Zudem gibt es ein Zweckentfremdungverbot, d. h. die Verwendung der Daten muß auf gesetzlich fundierte Zwecke begrenzt sein. Eine solche bereichspezifische Zweckbestimmung gewährleistet zugleich den Grundsatz der *informationellen Gewaltenteilung* [FiSchie96]. All diesen Vorgaben muß in den Gesetzen, die dem Grundgesetz untergeordnet sind (siehe dazu auch Abb. 4.1), entsprochen werden.

Zusammenfassend läßt sich hierzu für Audit ableiten, daß ein Einsatz dieser Sicherheitsfunktion dann gemäß dem Verhältnismäßigkeitsgrundsatz erfolgt, wenn er sich im jeweiligen Einsatzfall als *geeignet* und *erforderlich* für den Schutz einer datenschutzkonformen Datenverarbeitung sowie hinsichtlich des Umfangs als *angemessen* erweist. Die im Zusammenhang mit der Auditanalyse erforderliche Zweckbindung setzt eine Fest- bzw. Offenlegung der mit der Auditanalyse verfolgten Verarbeitungsziele voraus und erfordert geeignete Maßnahmen zur Begrenzung des Verarbeitungsumfangs (z. B. durch *informationelle Gewaltenteilung* und bereichsspezifische Regelungen).

Die im Urteil zum Volkszählungsgesetz erhoben Forderungen, die mit der Datenverarbeitung verbundenen Eingriffe in das Recht auf informationelle Selbstbestimmung durch bereichsspezifische und normenklare gesetzliche Regelungen zu legitimieren, führten zu zahlreichen gesetzgeberischen Initiativen. Ergebnis dessen sind u. a. die aktuellen Novellierungen des Bundesdatenschutzgesetz (BDSG) vom 20. Dezember 1990 und der Landesdatenschutzgesetze.

4.3.2 Audit im Kontext des deutschen Datenschutzrechts

Datenschutz wird auf nationaler Ebene u. a. durch das BDSG sowie durch die Landesdatenschutzgesetze reglementiert[4]. Der Anwendungsbereich des BDSG erstreckt sich auf die Erhebung, Verarbeitung und Nutzung personenbezogener Daten durch öffentliche Stellen des Bundes und nicht-öffentliche Stellen, soweit sie die Daten in oder aus Dateien geschäftsmäßig oder für berufliche oder gewerbliche Zwecke verarbeiten oder nutzen (siehe § 1 (2)). Landesdatenschutzgesetze regeln weitgehend den Datenschutz in den öffentlichen Stellen dieser Länder.

Die Erhebung, Verarbeitung oder Nutzung personenbezogener Daten ist *ohne Einwilligung* Betroffener nur bei Vorhandensein entsprechender gesetzlicher Ermächtigungen zulässig. Welche Ermächtigungen sieht der Gesetzgeber im BDSG vor?

Gemäß dem Urteil zum Volkszählungsgesetz sind organisatorische und verfahrenstechnische Vorkehrungen zu treffen, die Beeinträchtigungen des Persönlichkeitsrechts entgegenwirken. Zum Schutz personenbezogener Daten fordert das BDSG *insbesondere* die in der Anlage zu § 9 aufgelisteten technischen und organisatorischen Maßnahmen. Im einzelnen handelt es sich um die wörtlich aus dem alten BDSG von 1977 übernommene Zugangs-, Datenträger-, Speicher-, Benutzer-, Zugriffs-, Übermittlungs-, Eingabe-, Auftrags-, Transport- und Organisationskontrolle.

Mit der in dieser Anlage geforderten *Eingabekontrolle* ist eine Motivation für den Einsatz von Audit im Hinblick auf die Protokollierung und Analyse von Zugriffen gegeben, die ausschließlich personenbezogene Daten (Dateien) zum Ziel haben. Im konkreten Wortlaut von Nr. 7 der Anlage zu § 9 Satz 1 heißt es dazu: "zu gewährleisten, daß nachträglich überprüft und festgestellt werden kann, welche personenbezogenen Daten zu welcher Zeit von wem in Datenverarbeitungssysteme eingegeben worden sind". Analoges gilt für die *Übermittlungskontrolle* (Nr. 6 der Anlage) deren Aufgabe darin besteht, "zu gewährleisten, daß überprüft und festgestellt werden kann, an welche Stellen personenbezogene Daten durch Einrichtungen zur Datenübertragung übermittelt werden können", was mit Netz-Audit (oder mittels Nicht-Abstreitbarkeit gewährleistenden Sicherheitsprotokollen) realisierbar ist.

Die Protokollierung und Überprüfung (Analyse) anderweitiger sicherheitsrelevanter Aktionen, die personenbezogene Daten nicht unmittelbar betreffen, werden von diesen beiden Punkten *nicht* abgedeckt. Das erweist sich insofern als proble-

---

[4]Sowohl das BDSG (siehe § 1 (4)) als auch die Landesdatenschutzgesetze sind subsidiär, d.h. andere Rechtsvorschriften (z. B. Polizeirecht, Melderecht, SGB) gehen vor.

matisch, da wichtige Aktionen, die im Vorfeld direkter Zugriffe auf personenbezogene Daten erfolgten, wichtige Aufschlüsse darüber liefern, *auf welche Weise* die für die Datenzugriffe erforderliche systeminterne Privilegierung erlangt wurde.

Audit ist eine Sicherheitsfunktion, die (im Datenschutzkontext) einerseits dem Schutz personenbezogener Daten und deren ordnungsgemäßer Verarbeitung dienen soll, andererseits aber gleichzeitig mit der Generierung von "Eingabe-" bzw. "Übermittlungs-"Protokollen neue Datenschutzprobleme - den Schutz der personenbezogenen Protokolldaten - verursacht. Auf diese Weise wird Audit selbst zum Reglementierungsgegenstand des BDSG und ist infolgedessen entsprechend den vom Gesetzgeber für den Umgang mit personenbezogenen Daten geforderten Kriterien der

- *Zweckbindung* und

- *Verhältnismäßigkeit,*

funktional zu gestalten und einzusetzen. Dazu wird nachfolgend auf weitere, insbesondere für den Einsatz von Audit bedeutsame Interpretationen von Vorgaben des BDSG[5] sowie des Brandenburgischen Landesdatenschutzgesetzes eingegangen.

§ 14 (4) sowie § 31 des BDSG verlangen explizit die strikte Einhaltung der Zweckbindung bei der Verarbeitung personenbezogener Daten, wenn diese Daten "Zwecken der Datenschutzkontrolle, der Datensicherung oder zur Sicherstellung eines ordnungsgemäßen Betriebs" von Datenverarbeitungsanlagen dienen. Technische (und organisatorische) Maßnahmen werden nach § 9 als erforderlich angesehen, "wenn ihr Aufwand in einem angemessenen Verhältnis" zu den angestrebten Schutzzielen steht. Den bei der Datenverarbeitung tätigen Personen (z. B. Sicherheitsadministratoren) ist es gemäß dem in § 5 formulierten Datengeheimnis untersagt, personenbezogene Daten unbefugt zu verarbeiten und zu nutzen.

Ein Auskunftsrecht Betroffener (z. B. mittels Audit überwachter Nutzer) kann gemäß § 19 (2) bzw. § 33 (2) Nr. 2 u. a. dann unterbleiben, wenn gespeicherte Daten "ausschließlich Zwecken der Datensicherung oder der Datenschutzkontrolle dienen". Diese Regelung ist insofern sinnvoll, da Informationen zur Aufzeichnungsgranularität des Audit wichtige Hinweise dazu liefern können, wie man es ggf. gezielt unterlaufen kann.

---

[5]Zum besseren Verständnis: Die §§ 12 - 26 reglementieren die Datenverarbeitung durch öffentliche Stellen, die §§ 27 - 38 die Datenverarbeitung nicht-öffentlicher Stellen und öffentlich rechtlicher Wettbewerbsunternehmen.

In Ergänzung dazu sei auf § 29 (5) des Brandenburgischen Datenschutzgesetzes (Stand: 01.03.1996) verwiesen, in dem über die Vorgaben des BDSG hinausgehend gefordert wird, daß Daten von Beschäftigten, die im Rahmen der Durchführung technischer und organisatorischer Maßnahmen gespeichert werden, "nicht zu Zwecken der Verhaltens- oder Leistungskontrolle genutzt werden" dürfen. Ähnliche Passagen finden sich u. a. auch im Hamburgischen und im Hessischen Datenschutzgesetz (siehe § 28 (7) bzw. § 34 (7)). Die Anomalie-Erkennung erweist sich in dem Zusammenhang als besonders problematisch, da dieser analytischen Herangehensweise an Intrusion Detection Referenzprofile - Modelle "normaler", typischer Verhaltensmuster der überwachten Nutzer - zugrundegelegt werden.

4.3.3 Europäische Harmonisierung

Mit der Verabschiedung der Datenschutzrichtlinie vom 24.07.1995 [EU95] durch die Europäische Union wurde nach jahrelangen Bemühungen die Grundlage für die Harmonisierung des Umgangs mit personenbezogenen Daten und den Austausch entsprechender Daten in Europa geschaffen. Die Richtlinie gilt als wichtiger Meilenstein für die Weiterentwicklung des europäischen Binnenmarktes und ist insbesondere als begleitende Regelung für die Entwicklung neuer Techniken und Dienstleistungen gedacht. Die Mitgliedstaaten der EU sind verpflichtet, die Richtlinie bis 1998 in nationales Recht umzusetzen. Angesichts des hohen Standards, den das BDSG erreicht hat, wird davon ausgegangen, daß sich die durch die Richtlinie ergebenden Novellierungen in einem engen Rahmen halten werden [DuD95]. Strukturelle Änderungen müssen aufgrund der in der Richtlinie aufgehobenen Trennung zwischen der Datenverarbeitung im öffentlich-rechtlichen und privatrechtlichen Bereich auf jeden Fall vorgenommen werden. Grundsätzlich sind keine gravierenden Unterschiede zwischen dem aktuellen BDSG und der europäischen Datenschutzrichtlinie im Hinblick auf Audit und Intrusion Detection erkennbar.

4.3.4 Mitbestimmung von Betriebs- und Personalräten

Das Recht der kollektiven betrieblichen Interessenvertretung abhängig Beschäftigter ist in der Bundesrepublik Deutschland uneinheitlich geregelt. Das Gesetz mit dem weitesten Geltungsbereich ist das *Betriebsverfassungsgesetz* (BetrVG). Es gilt grundsätzlich für die Arbeitnehmer in Betrieben privaten Rechts. Für die betriebliche Interessenvertretung von Beschäftigten des öffentlichen Dienstes fehlt bislang eine einheitliche gesetzliche Grundlage. Hier regelt das *Bundespersonalvertretungsgesetz* (BPersVG) die Personalvertretung der Beschäftigten im Bundesdienst (§§ 1-93). Es enthält des weiteren - mit Ausnahme einiger unmittelbar geltenden Bestimmungen (§§ 107-109), z. B. für den Geschäftsbereich des Bundesministers für Verteidigung, lediglich Rahmenvorschriften für die Personalvertretung der Beschäftigten in den Ländern.

Der vom Bund vorgegebene Rahmen wurde von den Landesregierungen durch Erlaß von *Landespersonalvertretungsgesetzen* (LPersVGs) ausgefüllt, die im Detail erheblich voneinander sowie vom BPersVG abweichen. Dies gilt vor allem für die Befugnisse der Personalvertretungen und für die organisatorischen Vorschriften, von denen die Wirksamkeit der Arbeit der Personalräte abhängt [Alt+90].

Sowohl im BetrVG, im BPersVG als auch im exemplarisch untersuchten Personalvertretungsgesetz (PersVG) des Landes Brandenburg sind Vorgaben enthalten, wonach zugunsten von Arbeitnehmern geltende Gesetze, Verordnungen, Tarifverträge, Dienstvereinbarungen und dergleichen zur Anwendung zu bringen sind (siehe § 80 (1) Nr. 1 BetrVG, § 68 (1) BPersVG sowie u. a. § 58 (2) Nr. 6 im PersVG des Landes Brandenburg). Datenschutzgesetze des Bundes und der Länder sind derartige Gesetze.

In den drei Gesetzeswerken sind einige speziell auf Audit bzw. Überwachungsmaßnahmen anwendbare Regelungen enthalten (siehe Tabelle 4.2). So gibt es z. B. Vorgaben, wonach Betriebs- und Personalräte *rechtzeitig* und *umfassend* über alle Formen der Verarbeitung personenbezogener Arbeitnehmerdaten zu unterrichten sind. Da es sich insbesondere beim Audit um ein recht spezielles Überwachungsverfahren handelt, erweisen sich die Möglichkeiten zur Hinzuziehung von Sachverständigen als sehr hilfreich.

Audit- bzw. überwachungsrelevante Vorgaben	BetrVG	BPersVG	PersVG des Landes Bbg.
rechtzeitige und umfassende Informierung	§ 80 (2)	§ 68 (2)	§ 60 (1)
Hinzuziehung von Sachverständigen	§ 80 (3)	(§ 34)	§ 40 (4)
Mitbestimmung bei techn. Überwachungseinrichtungen	§ 87 (1) Nr. 6	§ 75 (3) Nr. 17	§ 65 Nr. 2

Tabelle 4.2: Vergleichbare Regelungen in den Gesetzeswerken

Von grundsätzlicher Bedeutung sind Vorgaben in BetrVG, BPersVG und PersVG des Landes Brandenburg, wonach Betriebs- und Personalräten bei Einführung und Anwendung von technischen Einrichtungen, die geeignet sind, das Verhalten oder die Leistung von Beschäftigten zu überwachen, ein *Mitbestimmungsrecht* eingeräumt wird. Intrusion Detection-Systeme sind derartigen Einrichtungen zuzuordnen. Hintergrund dieser Formulierung ist die Vermeidung einer ungleichen Behandlung gegenüber Beschäftigten, die nicht mit IT-Systemen arbeiten. Diese ungleiche Behandlung liegt vor, da mit Intrusion Detection-Systemen Gefährdungen des Eindringens in Persönlichkeitsbereiche von Nutzern bestehen, die einer nicht-technischen Überwachung nicht zugängig sind.

Eine über die zuvor erörterten rechtlichen Vorgaben hinausgehende Regelung, die für Audit-basierte Überwachung von Bedeutung ist, findet sich im PersVG des Landes Brandenburg. Gemäß § 74 (3) wird den Personalräten eingeräumt, die Rücknahme bereits vollzogener oder umgesetzter Entscheidungen von Dienststellen auch mit dem Hinweis auf unzureichende Informationen im Beteiligungsverfahren (Verstoß gegen die genannten Verfahrensgrundsätze) zu erwirken. Damit bestehen zumindest theoretische Möglichkeiten, eine dauerhafte Kontrolle auszuüben. Bei wie auch immer gearteten Verstößen gegen vereinbarte Grundsätze des Einsatzes von Audit- bzw. überwachungsrelevanten Komponenten kann eine zeitweise oder dauerhafte Unterlassung der Verwendung dieser Funktionseinheiten erwirkt werden.

Im Gegensatz dazu können Personalräte von Bundesbehörden nach § 70 des BPersVG lediglich von ihrem *Initiativrecht* Gebrauch machen, um eine einseitige (nachteilige) Ausgestaltung von im Vorfeld getroffenen Vereinbarungen seitens der Dienststelle, z. B. beim Einsatz von Audit bzw. Intrusion Detection-Systemen, in einem durch sie angestrengten Mitbestimmungsverfahren konkretisierend regeln. Diese Herangehensweise erweist sich jedoch im Vergleich zu begründeten Rücknahmeforderungen (auf der Grundlage des § 74 (3) des PersVG des Landes Brandenburg) als ungleich schwieriger. Betriebsräte können sich nach § 23 (3) in entsprechenden Fällen an Arbeitsgerichte wenden. Erlangen Arbeitgeber durch unzulässigen Einsatz von Audit bzw. Intrusion Detection-Systemen Informationen, die sich für die Arbeitnehmer als nachteilig erweisen, so ist es untersagt, diese personellen Entscheidungen zugrundezulegen.

Haben Personalräte aus irgendwelchen Gründen bestimmte Entscheidungen zu Audit bzw. Überwachungsmaßnahmen mitgetragen, die sich im Nachhinein als nachteilig für die Beschäftigten erweisen, so bestehen Möglichkeiten zur indirekten Revidierung dieser Beschlüsse durch Abschluß einer Rahmenvereinbarung durch die Personalvertretung einer übergeordneten Dienststelle. Betriebsräte können in solchen Fällen, z. B. bei unzureichender Berücksichtigung datenschutzrechtlicher Bestimmungen (§ 75 (2) BetrVG), aktiv werden und über zuständige Datenschutzbeauftragte Einfluß nehmen.

Ergänzend sei erwähnt, daß Art und Umfang von Protokollierungen, Auswertungsmodalitäten und die Aufbewahrungsdauer von Auditdaten detailliert in entsprechenden Verordnungen, in Tarifverträgen sowie Betriebs- und Dienstvereinbarungen geregelt werden können. Aufgrund der Dominanz übergeordneten Rechts dürfen diese jedoch keine vom BetrVG, BPersVG, LPersVGs oder anderweitigen Gesetzen abweichende Regelungen enthalten (siehe Abb. 4.1).

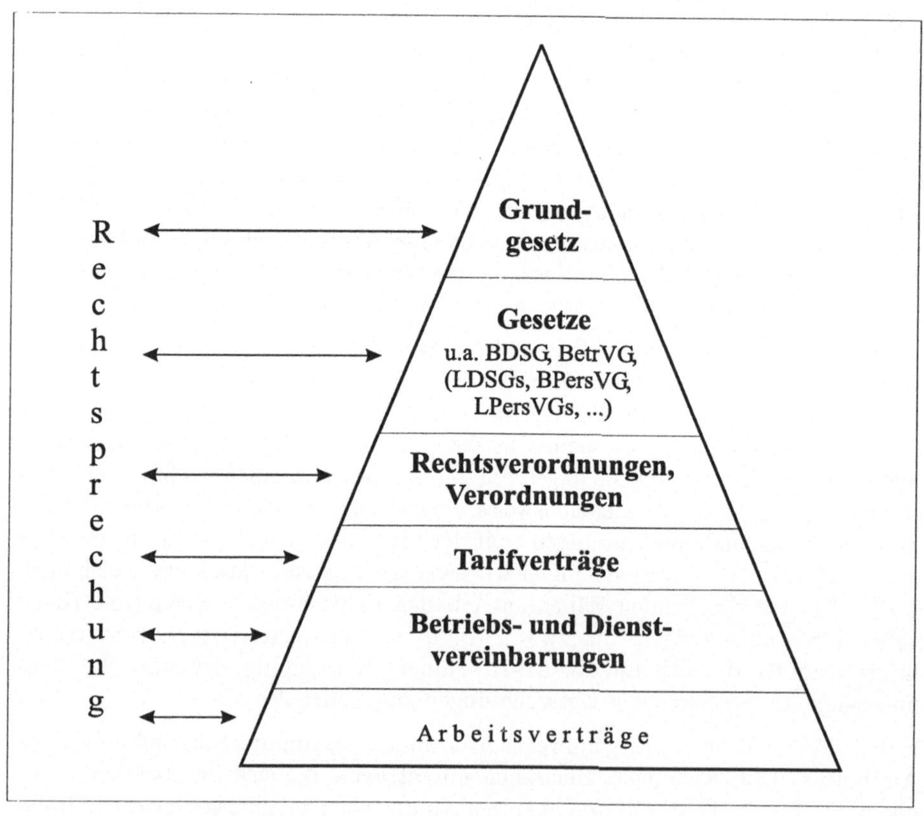

Abbildung 4.1: "Pyramide" des Arbeitsrechts

4.4 Befindlichkeiten überwachter Nutzer

Von wesentlicher Bedeutung für den Einsatz von Intrusion Detection-Systemen ist die Berücksichtigung sozialer und psychologischer Befindlichkeiten (Auditbasiert) überwachter Nutzer. Interessant sind in diesem Zusammenhang Erfahrungen, die bei der Untersuchung der Reaktionen von Nutzern, die einer automatischen Leistungsüberwachung ausgesetzt waren, gemacht wurden. Neben positiven Effekten, wie einem deutlichen Ansteigen der Arbeitsproduktivität, zeigten sich auch negative Erscheinungen. Die Betroffenen klagten über erhöhten Streß, fühlten sich unzufrieden und gingen gegenüber Vorgesetzten, denen die Ergebnisse der Leistungsüberwachung zugängig waren, zunehmend auf Distanz [Ir$^+$86].

Um einen ersten Einblick in die individuellen Befindlichkeiten von Nutzern im Hinblick auf Intrusion Detection-Systeme - Systeme, die den Betroffenen bei Ihrer Arbeit de facto "auf die Finger sehen" - zu erlangen, wurde vom Autor 1993 eine Umfrage an vier Hochschulen (Universität Hamburg, Universität Hildesheim, TU Berlin, TU Magdeburg), am FAW Ulm, an der debis AG in Bremen sowie an der Siemens-Nixdorf Informationssysteme AG in München durchgeführt. Insgesamt gingen 155 Fragebögen ein, wovon 148 für die Auswertung mit dem Statistik-Tool SPSS/PC+ 4.0 Verwendung finden konnten [So93].

Auf den Fragebögen waren neben einer Begriffserklärung, einer Motivation für einen perspektivischen Einsatz von Intrusion Detection-Systemen und mögliche Folgen sowie der Erwähnung grundlegender datenschutzrechtlicher Bestimmungen folgende Fragen formuliert:

1. Halten Sie einen Einsatz von Intrusion Detection-Systemen für prinzipiell notwendig?
   Wahlmöglichkeiten: ja, teils-teils, nein, weiß nicht

2. Unter welchen Bedingungen könnten Sie einem Einsatz von Intrusion Detection-Systemen zustimmen?
   Wahlmöglichkeiten: schärfere gesetzliche Rahmenbedingungen, restriktive Analyse der Auditdaten, unmittelbare Hinzuziehung des zuständigen Datenschutzbeauftragten, offen für die Ergänzung weiterer Bedingungen

3. In welchem Umfang würden Sie einen Einsatz von Intrusion Detection-Systemen als notwendig erachten?
   Wahlmöglichkeiten: flächendeckend, schwerpunktmäßig in sensitiven Bereichen, offen

4. Wie würden Sie persönlich auf den Einsatz von Intrusion Detection-Systemen in Ihrem Arbeitsumfeld reagieren?

Wahlmöglichkeiten: Ich würde das System weitgehend ignorieren., Der Gedanke behagt mir nicht., Ich würde versuchen, Gegenmaßnahmen zu ergreifen., offen

Von den Befragten hielten 49 (33,1%) einen Einsatz von Intrusion Detection-Systemen prinzipiell für notwendig, 75 (50,8%) stimmten unter Vorbehalt zu, während sich nur 24 (16,2%) gegen derartige Systeme aussprachen (siehe Abb. 4.2). Bei der Beantwortung der Frage 2 wurde am häufigsten eine restriktive (zweckgebundene) Auditanalyse gefordert. Mit Abstand folgten Forderungen nach Hinzuziehung des zuständigen Datenschutzbeauftragten bei der Auswertung und nach schärferen gesetzlichen Rahmenbedingungen.

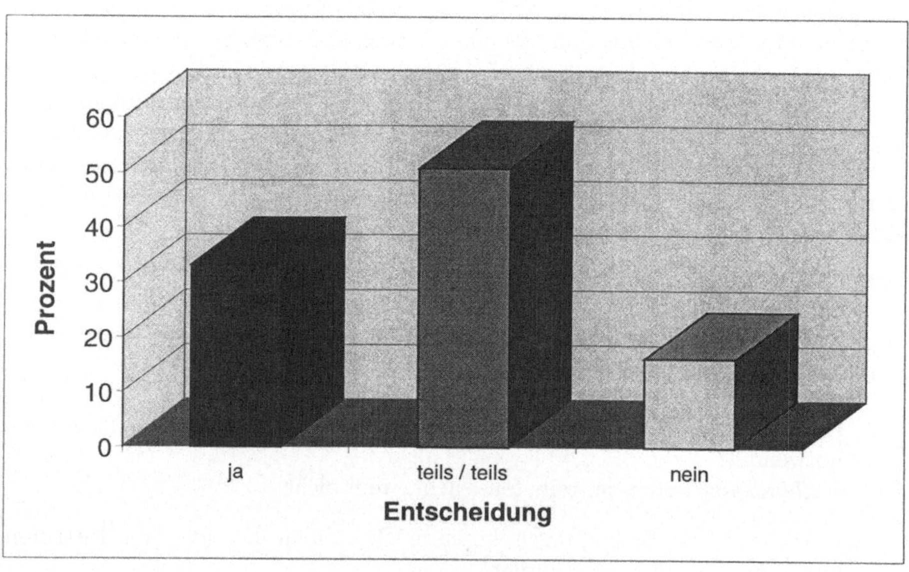

Abbildung 4.2: Umfrageergebnisse zur Notwendigkeit von IDS

Von den Möglichkeiten, eigene Kriterien sowie Anmerkungen bei den Fragen 2 - 4 einzubringen, wurde reger Gebrauch gemacht. Als wesentliche Voraussetzung für einen Einsatz von Intrusion Detection-Systemen erachtete man u. a. die Erbringung von Nachweisen, daß "aufgrund konkreter Gefährdungen" tatsächlich ein "Handlungsbedarf (im Bereich Audit-gestützter Überwachung) vorliegt". Gefordert wurden außerdem "Funktionalitätsnachweise".

Viele Anmerkungen der Befragten betrafen die vom Bundesdatenschutzgesetz geforderten Kriterien bzgl. eines "streng überwachten Umgangs mit den Auditdaten", z. B. deren Manipulationsschutz, die Verhinderung unberechtigter Weitergabe, Verhältnismäßigkeit bei der Aufzeichnung sowie Transparenz der Verarbeitung personenbezogener Auditdaten für die Betroffenen.

Die Beantwortung der Frage 3 hinsichtlich des notwendigen Umfangs eines Einsatzes von Intrusion Detection-Systemen ergab eine mehrheitliches Votieren für eine Beschränkung auf sensitive Bereiche. Selbst bei denjenigen, die Intrusion Detection-Systeme prinzipiell ablehnten, lag die Zustimmung dafür bei immerhin 45,8%.

Abschließend ging es um die Reaktionen (hypothetisch) Betroffener, in deren Arbeitsumfeld Intrusion Detection-Systeme eingesetzt werden. Wie gehen die Betroffenen mit dieser Situation um? Bei den angebotenen Wahlmöglichkeiten wurden bewußt einseitig neutrale bis negative Reaktionen angeboten, auch um zu sehen, ob einige der Befragten von sich aus positive Meinungen äußern. Das Spektrum der individuellen Meinungsäußerungen reichte von *Zustimmung*[6] über ein *Abfinden* mit der neuen Situation[7] und *abwartende Haltungen*[8] bis hin zu *Anpassung*[9].

In Abb. 4.3 sind die jeweiligen gruppenspezifischen Trends hinsichtlich der in Frage 4 angebotenen Varianten der Reaktion veranschaulicht. Das weitgehende Ignorieren des Vorhandenseins von Intrusion Detection-Systemen im unmittelbaren Arbeitsumfeld war bei der Befürwortern von Intrusion Detection-Systemen mit 46,9% relativ stark ausgeprägt und nimmt hin zu denjenigen, die sich dagegen aussprachen, deutlich ab. Gefühle des Unbehagens, u. a. "Den Gedanken an big brother [Or49] könnte ich nicht loswerden.", äußerten vor allem diejenigen, die Intrusion Detection-Systeme unter Vorbehalt als notwendig erachten (33,3%) und die sich gegen den Einsatz derartiger Systeme aussprachen (29,2%). Die Bereitschaft zu Gegenmaßnahmen (u. a. auf kommunikative Art, in Form von Hacken) ist, wie nicht anders zu erwarten war, bei den erklärten Gegnern von Intrusion Detection-Systemen am höchsten (29,2%), aber auch in geringem Umfang bei den Befürwortern mit Vorbehalt festzustellen (12,0%).

Die Ergebnisse der Umfrage dokumentieren nachdrücklich Forderungen überwachter Nutzer hinsichtlich einer für sie sozial akzeptablen Gestaltung von Audit

---

[6] "Ich fände einen Einsatz von Intrusion Detection-Systemen in Ordnung."; "Ich würde damit arbeiten wollen."; "Das System dient auch zu meinem Schutz, zum Nachweis meiner Unschuld."

[7] "Ich würde versuchen, mit dem Übel zu leben."; "Das System wird mir anfangs nicht behagen, doch das ist reine Gewöhnungssache (2 Wochen)."

[8] "Die persönliche Reaktion wird in Abhängigkeit von den Konsequenzen ausfallen, die sich für mich ergeben."

[9] "Ich würde versuchen, 'verdächtige' Aktionen zu vermeiden."

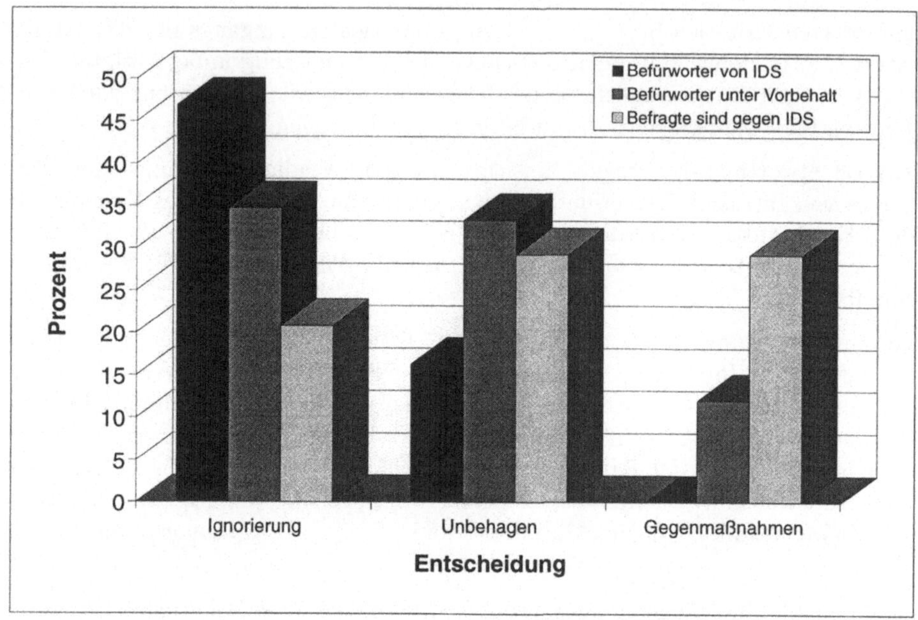

Abbildung 4.3: Umfrageergebnisse zu Reaktionen auf einen Einsatz von IDS

bzw. von Intrusion Detection-Systemen sowie eines rechtskonformen Einsatzes dieser Sicherheitsfunktionen.

4.5   Ein funktionaler Gestaltungsansatz

Wie in Abschnitt 4.1 exemplarisch verdeutlicht sowie in den Abschnitten 4.3 und 4.4 auf rechtlicher und sozialer Betrachtungsebene erläutert, besteht das zentrale Problem der Realisierung einer datenschutzorientierten Audit-basierten Überwachung in der Kompensation von Risiken hinsichtlich einer mißbräuchlichen Auswertung von Auditdaten. Im folgenden wird nun ein Ansatzpunkt für eine entsprechende funktionale Gestaltung von Audit vorgestellt.

4.5.1   Das Auswertungs- und Vertraulichkeitsproblem

Die Analyse von Auditdaten ist ein anspruchsvoller Prozeß, der sich in letzter Instanz nicht 100%ig automatisieren lassen wird, da Intelligenz und Kreativität erfahrener Sicherheitsadministratoren insbesondere beim Aufspüren neuer IT-Sicherheitsverletzungen unverzichtbar sind. Des weiteren muß berücksichtigt werden, daß es sich bei der mißbräuchlichen Auswertung von Auditdaten um ein *semantisches*, und infolgedessen nur schwer, wenn überhaupt entscheidbares Sicherheitsproblem handelt.

Sofern es nicht gelingt, den Inhalt kompromittierender Command Historie-Dateien sicherzustellen, sollte sich ein Nachweis derartiger Vorfälle als recht schwierig erweisen. Beispielsweise könnte ein Angreifer (möglicherweise ein Administrator), der über die erforderlichen Zugriffsrechte verfügt bzw. diese unter Ausnutzung sicherheitsrelevanter Schwachstellen erlangt, Kopien von Auditdateien auf einen außerhalb der überwachten Domäne befindlichen Rechner transferieren und die Daten erst dort einer detaillierten mißbräuchlichen Auswertung unterziehen.

Dem Auswertungsproblem liegt letztendlich ein Vertraulichkeitsproblem zugrunde, der Schutz der Vertraulichkeit der Identität jener Nutzer, deren system- bzw. netzinterne Aktivitäten mittels Audit-Records dokumentiert werden. Die Vertraulichkeit dieser Identitäten kann durch den Schutz der in den Auditdatensätzen befindlichen nutzeridentifizierenden Daten gewährleistet werden.

4.5.2 Zugriffsschutz kombiniert mit Verschlüsselung

Restriktive Zugriffskontrolle ist zweifellos ein wichtiges Mittel zum Schutz der Vertraulichkeit von Auditdaten, insbesondere für das Fernhalten nicht autorisierter Nutzer. Diese Sicherheitsfunktion eignet sich jedoch nur bedingt zum Schutz gegenüber mißbräuchlicher Auswertung durch mit entsprechenden Zugriffsrechten ausgestattete Nutzer (Angreifer). Die wesentliche Ursache hierfür liegt darin begründet, daß die in Betriebssystemen und zugehörigen Kommunikationsprotokollen integrierten Zugriffskontrollfunktionen, im Gegensatz zu Datenbanksystemen (wo sehr differenzierte Lesezugriffsrechte vergeben werden können), lediglich ein allgemeines Lesezugriffsrecht für Dateien unterstützen.

Dieser Umstand ist insofern problematisch, da ein Großteil der derzeit existierenden Auditfunktionen, insbesondere Betriebssystem-Audit, ihre Auditdaten standardmäßig in Dateien und *nicht* in Datenbanken ablegen. Ein gegenteiliger Trend, etwa ein Vordringen von Datenbanken im Bereich des Audit oder eine technologische Konvergenz von Betriebssystemen, einschließlich ihrer Dateisysteme, und Datenbanksystemen zeichnet sich bislang nicht ab.

Die Defizite der Zugriffskontrolle von Betriebssystemen können durch Abspeicherung der Auditdaten in vollständig oder partiell verschlüsselter Form kompensiert werden. Eine durchgehende Verschlüsselung kann bspw. pro Datensatz erfolgen. Im Fall partieller Verschlüsselung werden lediglich einzelne Einträge der Audit-Records verschlüsselt.

Bei der vollständigen Verschlüsselung stellt sich als nachteilig heraus, daß Auditdaten in dieser Repräsentation nicht interpretierbar und somit nicht analysierbar sind. Mit der vor der Auswertung erfolgenden Entschlüsselung werden wiederum sämtliche Nutzerbezüge offengelegt.

Alternativ dazu besteht die Möglichkeit einer ausschließlich nutzeridentifizierende Daten umfassenden Verschlüsselung. Diese kann so erfolgen, daß die Auditdatensätze in dieser Repräsentation sowohl interpretierbar als auch analysierbar sind. Darauf aufsetzend muß weitgehend sichergestellt werden, daß nutzeridentifizierende Daten in Audit-Records erst dann offengelegt werden, falls letztere IT-sicherheitsgefährdende Aktionen dokumentieren. Auf diese Weise finden trotz Gewährleistung der Zurechenbarkeit grundlegende Datenschutzbedürfnisse überwachter Nutzer Berücksichtigung.

Der Ansatz der partiellen Verschlüsselung von Auditdaten wird im folgenden favorisiert.

Kapitel 5

Bestandsaufnahme bisheriger Ansätze

Der Berücksichtigung von Anforderungen des Datenschutzes im Kontext Audit-basierter Überwachung und deren technische Umsetzung in entsprechend gestalteten Sicherheitsfunktionen bzw. Überwachungssystemen wurde bisher nur eine untergeordnete Bedeutung beigemessen. Entsprechend gering ist die Anzahl von Arbeiten, die sich mit diesem Problem auseinandersetzen. Technologische Vorschläge zur datenschutzorientierten Gestaltung von Audit wurden lediglich im Rahmen der Realisierung eines modellimplementierten Funktionskonzepts erarbeitet. Aufgrund dessen wird der Stand der Technik, durch Einbeziehung theoretischer Arbeiten, etwas weiter gefaßt. Ausgehend von einer kritischen Würdigung der im Rahmen dieser Arbeiten erreichten Ergebnisse werden weiterführende Arbeitsschritte hinsichtlich einer Einbringung von (Krypto-)Funktionen zur Unterstützung einer datenschutzorientierten Audit-basierten Überwachung in realen IT-Systemen aufgezeigt.

5.1 Erste themenrelevante Arbeiten

Erste grundlegende Überlegungen zu Intrusion Detection, implizit damit zu Audit, und Datenschutz finden sich in [De+87] und [Schae91]. Denning, Neumann und Parker unterbreiteten einen Vorschlag zur Erarbeitung sozialverträglicher Strategien zur Überwachung von (Nutzern in) Systemen bzw. Netzen [De+87]. Sie empfahlen, daß Sicherheitsexperten entsprechende Strategien gemeinsam mit Nutzern, Psychologen, Soziologen und Juristen, erarbeiten sollten. Die Autoren sehen Regelungsbedarf insbesondere für:

- den Umfang der Protokollierungen,

- die Verwendung der Auswertungsergebnisse sowie

- die Informierung der von den Überwachungsmaßnahmen betroffenen Nutzer.

Ziel einer solchen Vorgehensweise sollte es sein, eine Atmosphäre zu schaffen, in der überwachte Nutzer ihre elementaren Datenschutzinteressen berücksichtigt sehen und andererseits das Monitoring als notwendige Maßnahme zum Schutz der informationstechnischen Ressourcen eines Unternehmens, einer Institution oder einer Behörde akzeptieren.

Lorrayne J. Schaefer weist in [Schae91] auf potentielle Möglichkeiten des Mißbrauchs von Intrusion Detection-Systemen hin, so z. B. detailliertes Ausspionieren überwachter Nutzer bzw. Berechnung der an IT-Systemen erbrachten Arbeitsleistung. Davon ausgehend sehen sich Entscheidungsträger erheblichen rechtlichen und ethischen Problemen gegenüber. Ihrer Meinung nach ergeben sich hierbei zumindest zwei grundlegende Fragen, die der Klärung bedürfen:

1. Gibt es für die veranlaßten Überwachungsmaßnahmen überhaupt eine rechtliche Grundlage?

2. Auf welcher Funktionsebene (und damit wie detailliert) darf die Überwachung erfolgen?

Außerdem sollten die bereits in [De$^+$87] benannten Modalitäten Audit-gestützter Überwachung lt. Schaefer explizit in einer Sicherheitspolitik festgelegt werden.

Die von den Autoren vorgeschlagenen Maßnahmen zur Reglementierung Audit-basierter Überwachung sind zweifelsohne wichtig. Sie sind jedoch ausnahmslos auf organisatorischer, administrativer und personeller Ebene angesiedelt und liefern infolgedessen nur geringe[1] Impulse für eine konkrete datenschutzorientierte Gestaltung von Auditfunktionen und Intrusion Detection-Systemen.

5.2 Intrusion Detection-Systeme und Datenschutz

Datenschutzrelevante Anforderungen und Probleme wurden zwar gelegentlich diskutiert (siehe auch [DSL90]), fanden jedoch bei der Realisierung fast aller

---

[1]Vorgegebene Monitoring-Funktionsebenen (siehe 2.) beeinflussen die funktionale Integration von Audit in IT-Systemen.

Intrusion Detection-Systeme so gut wie keine Berücksichtigung. Bezeichnend für das Verständnis von technischem Datenschutz - stellvertretend für nicht nur in den USA bislang vorherrschende Meinungen - ist das folgende Zitat aus einer offiziellen, im INTERNET verbreiteten Kurzbeschreibung zum Intrusion Detection-System Stalker [HLI94]: "What are the privacy considerations? Stalker does not examine user's keystrokes, files, or electronic mail, *so it does not violate user privacy.*" Mißbräuchliche Auswertung von Auditdaten wird somit offensichtlich nicht als Datenschutzproblem aufgefaßt. Allerdings empfiehlt der Hersteller (analog [De$^+$87]) in Werbematerial zu Stalker v2, Nutzer unmittelbar nach ihrer Systemanmeldung darüber zu informieren, daß sie Audit-gestützt überwacht werden[2].

Da es sich hierbei lediglich um eine Empfehlung handelt, liegt es letztlich im Ermessen der Anwender dieses Systems, davon Gebrauch zu machen oder die Vorgabe zu ignorieren. Dies sähe etwas anders aus, wenn direkt im Tool Funktionen zur Informierung der überwachten Nutzer integriert wären. Möglichkeiten zur unmittelbaren funktionalen Beeinflussung der Auditanalyse sind damit nicht gegeben.

5.3 IDA

Erste Ideen hinsichtlich einer datenschutzorientierten funktionalen Gestaltung von Audit bzw. Intrusion Detection entstanden im Rahmen der Realisierung des von Simone Fischer-Hübner an der Universität Hamburg entwickelten Systems IDA (Intrusion Detection and Avoidance) [FiBru90, Fi92]. Es handelt sich hierbei um das bislang einzige kernintegrierte Intrusion Detection-System (vgl. Abschnitt 3.3.1).

5.3.1 Prinzipielle Funktionsweise

IDA kombiniert einen Referenzmonitor mit einer Intrusion Detection-Komponente (siehe Abb. 5.1). Mit jeder eingehenden und zu protokollierenden Zugriffsanforderung wird im Referenzmonitor ein entsprechender, zu diesem Zeitpunkt inhaltlich noch unvollständiger[3] Auditdatensatz generiert. Anschließend

---

[2] "To take advantage of the substantial deterrent effect of this tool, Haystack Labs recommend that each Stalker client *should have* a login banner stating that users are subject to security monitoring and testing."

[3] Zu diesem Zeitpunkt liegen noch keine Informationen zum finalen Status (erfolgreich, fehlgeschlagen, Rückgabewert) der Zugriffsanforderung vor.

wird die eingegangene Zugriffsanforderung sowohl vom Referenzmonitor anhand der gesetzten Zugriffsrechte als auch von der Intrusion Detection-Komponente, hierbei allerdings auf Grundlage des korrespondierenden Audit-Records, verifiziert. Unterbunden werden Zugriffsanforderungen, die entweder seitens des Referenzmonitors, seitens der Intrusion Detection-Komponente oder von beiden Funktionseinheiten als IT-sicherheitsgefährdend eingestuft wurden.

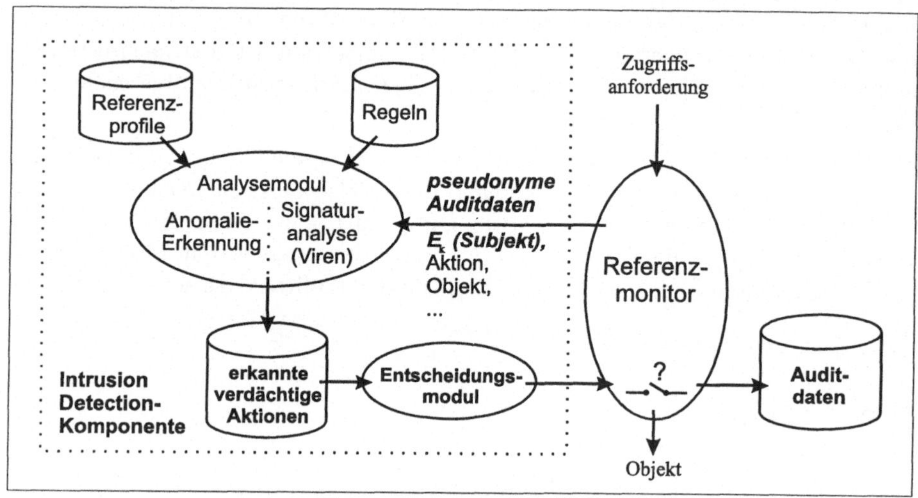

Abbildung 5.1: Architektur und funktionale Integration von IDA

Die Intrusion Detection-Komponente besteht aus einem anomalie- und einbruchserkennenden Analysemodul, einer Datenbank zur zwischenzeitlichen Speicherung der Analyseergebnisse sowie einem Entscheidungsmodul, das ausgehend von den Resultaten der Analyse eine Rückmeldung bzgl. der (Un-)Bedenklichkeit der aktuellen Zugriffsanforderung an den Referenzmonitor weiterleitet. Das Analysemodul überprüft, ob es sich bei dem zu analysierenden Auditdatensatz um einen Bestandteil einer (oder mehrerer) modellierter Signaturen von Computerviren oder um einen *anomalen* Record handelt. Wurde die zu analysierende Aktion als IT-sicherheitsgefährdend klassifiziert, wird ein entsprechender Ergebnis-Record generiert und in die Datenbank geschrieben. Das Entscheidungsmodul entnimmt diese Information und weist den Referenzmonitor an, die aktuelle Zugriffsanforderung zu unterbinden. Das Systemkonzept sieht im Fall negativer Rückmeldungen vor, den anfordernden Prozeß zu terminieren bzw. den lokalen Account des Angreifers zu sperren und dem Sicherheitsadministrator entsprechende Mitteilungen zukommen zu lassen.

5.3.2 Datenschutzspezifische Funktionalität

Kern der datenschutzorientierten Auslegung von IDA ist die *erstmalig* propagierte Idee, Auditdaten in pseudonymer Form zu verarbeiten [Fi92, S. 212-215]. Die in diesem Zusammenhang entwickelten Ideen beinhalten die Pseudonymisierung von Subjektidentifikatoren (siehe Verschlüsselungsfunktion $E_k()$ in Abb. 5.1) sowie von Daten, die Nutzern eindeutig zugeordnet werden können (z. B. Terminal-IDs), wobei allerdings kein Bezug zu komplexeren Betriebssystem-Audit-spezifischen Datenformaten hergestellt wurde. Aufgrund der pseudonymen Auditdaten sind die der Erkennung sicherheitsrelevanter Anomalien zugrundegelegten Referenzprofile ebenfalls pseudonym.

Der jeweilige, für die Pseudonymisierung verwendete Schlüssel sollte nach Ansicht der Entwicklerin geteilt werden. Sowohl der Sicherheitsadministrator als auch der zuständige Datenschutzbeauftragte sollten über einen der beiden Schlüsselteile verfügen und somit nur gemeinsam, entsprechend dem 4-Augen-Prinzip, in der Lage sein, eine Depseudonymisierung verdächtiger Nutzer durchzuführen. Um im Fall nachträglicher Analysen archivierter Auditdaten unzulässige Depseudonymisierungen von Nutzern zu erschweren, wurde empfohlen, die verwendeten Schlüssel in bestimmten Zeitabständen zu ändern.

IDA's architekturelle Spezifik, insbesondere die unmittelbare funktionale Verzahnung der Intrusion Detection-Komponente mit dem Referenzmonitor, die eine parallele Verifikation von Zugriffsanforderungen und korrespondierenden Audit-Records ermöglicht, versetzt das System in die Lage, auf Grundlage pseudonymer Auditdaten zu reagieren.

5.3.3 Implementation und Tests

Aufgrund damaliger Nicht-Verfügbarkeit von Quellcode solcher Betriebssysteme, die über Auditfunktionalität verfügen, wurde IDA exemplarisch in einer VMS-Systemumgebung als Modell implementiert und mittels simulierter Kernanfragen getestet. Eine Auswertungseinheit zur Erkennung von Computerviren wurde unabhängig von der Intrusion Detection-Komponente implementiert und separat mit unter DOS generierten Auditdaten erprobt [Bru+91].

Zur Veranschaulichung nachfolgend das diesen Auditdaten zugrundeliegende Format sowie zwei protokollierte Aktionen des Vienna-Virus. (Die Adresse des aufrufenden Prozesses wird im Beispiel als Subjektidentifikator interpretiert.)

```
< Prozessadresse, Aktion, Objekt, Parameter, Ergebnisse, Zeit >
< 109E: 01FD, DOS2_find_first, Attrib(03) Name(*.COM), 000152316 >
```

```
< 109E: 0203, DOS_find_next, NIL, 0000152316 >   ...
Interpretation:  Finde eine zu kontaminierende DOS-Datei
```

Aufgrund dessen, daß IDA als modellhafter Funktionsdemonstrator existierte, war eine Erprobung des Systems mit realen Testdaten *nicht* möglich. Eine praktische Realisierung und Erprobung der pseudonymen Auditanalyse konnte insofern ebenfalls nicht erfolgen.

Das System blieb aufgrund seiner architekturellen Spezifik bislang ein technologischer Exot. Sämtliche anderweitigen, bislang weltweit entwickelten Intrusion Detection-Systeme sind applikativ realisiert. Ein entscheidender Grund dafür sind sicherlich, trotz inzwischen verfügbarer Quellcodes Audit-fähiger Betriebssysteme (u. a. Solaris 2.x, LINUX), die zu erwartenden Leistungsverluste. Selbst bei effizienter Implementierung der kernintegrierten Intrusion Detection-Komponente muß davon ausgegangen werden, daß die semantische Analyse von Audit-Records zeitlich sowie hinsichtlich der Ressourcen-Intensität ein Vielfaches der Verifikation von Zugriffsanforderungen erfordert.

5.4 Weiterführender Handlungsbedarf

Ausgehend von dem im Zusammenhang mit IDA konzipierten Ansatz zur Analyse partiell verschlüsselter Auditdaten ergeben sich für eine praktische Umsetzung in *realen* IT-Systemen zahlreiche Aufgaben und zu lösende Teilprobleme. Zunächst gilt es, überhaupt erst einmal auf der Grundlage komplexerer Auditdatenformate den Umfang nutzeridentifizierender Daten in Erfahrung zu bringen und deren Informationsgehalt zu untersuchen. Dies betrifft sowohl Betriebssystem- als auch applikationsspezifische Auditdaten. Des weiteren müssen grundlegende, verfahrensspezifische Anforderungen zur Gewährleistung einer technologischen Balance von Zurechenbarkeit und Pseudonymität an die Pseudonymisierung und Depseudonymisierung definiert werden. Diese betreffen insbesondere die Vertraulichkeit der nutzeridentifizierenden Daten, welche abgesehen von der Stärke der verwendeten Kryptoverfahren wesentlich vom Umfang der Pseudonymisierung innerhalb der Audit-Records abhängt.

Umfang und Art der Verschlüsselung müssen zwecks Gewährleistung pseudonymer Zurechenbarkeit so gewählt werden, daß letztlich sinnvolle, verwertbare Auswertungsergebnisse möglich sind. Außerdem ist vorzugeben, unter welchen Bedingungen Depseudonymisierungen wie erfolgen, und es müssen Leistungsanforderungen (bspw. hinsichtlich in Echtzeit erfolgender Erkennung IT-sicherheitsgefährdender Aktionen) berücksichtigt werden. Davon ausgehend sind

Schnittstellen zur Integration von (De-)Pseudonymisierungsfunktionen in Audit bzw. Intrusion Detection-Systemen zu untersuchen. Schließlich müssen Kryptofunktionen hinsichtlich ihrer Anwendbarkeit untersucht, in reale IT-Systeme integriert und getestet werden.

Kapitel 6

Grundlagen des pseudonymen Audit

Ausgehend von einer funktionalen Einführung werden im folgenden die in Abschnitt 5.4 geforderten Grundlagen des pseudonymen Audit herausgearbeitet. Schwerpunkte sind der Umfang und der Informationsgehalt nutzeridentifizierender Daten in Audit-Records, grundlegende verfahrenstechnische Anforderungen, Methoden zur Generierung von Pseudonymen sowie prinzipielle Möglichkeiten zur Integration von (De-)Pseudonymisierungsfunktionen. Im Hinblick auf die exemplarische Realisierung eines pseudonymen Audit in einem unter Verwendung des Intrusion Detection-Systems AID überwachten lokalen Solaris-Netzes wird schwerpunktmäßig auf das Format der Auditdaten dieses UNIX-Derivates Bezug genommen.

6.1 Funktionale Einführung

Grundgedanke des pseudonymen Audit ist es, nutzeridentifizierende Daten in Audit-Records unmittelbar nach deren Generierung, möglichst noch vor der erstmaligen Abspeicherung, durch Pseudonyme zu ersetzen und in dieser Form auszuwerten [Fi92, SoFi96]. Auf diese Weise wird die Vertraulichkeit der Identität der überwachten Nutzer geschützt. Es ist hinreichend, wenn im Fall erkannter sicherheitsgefährdender Verhaltensmuster die Identität der Verursacher festgestellt und entsprechende Gegenmaßnahmen initiiert werden können. Mögliche Gegenmaßnahmen sind u. a. das Terminieren der in IT-Sicherheitsverletzungen involvierten Prozesse, das Sperren von Nutzer-Accounts oder die Initiierung eines sicheren Herunterfahrens des Betriebssystems (Shutdown).

Das Funktionsprinzip wird in Abb. 6.1 am Beispiel des pseudonymen Betriebssystem-Audit veranschaulicht.

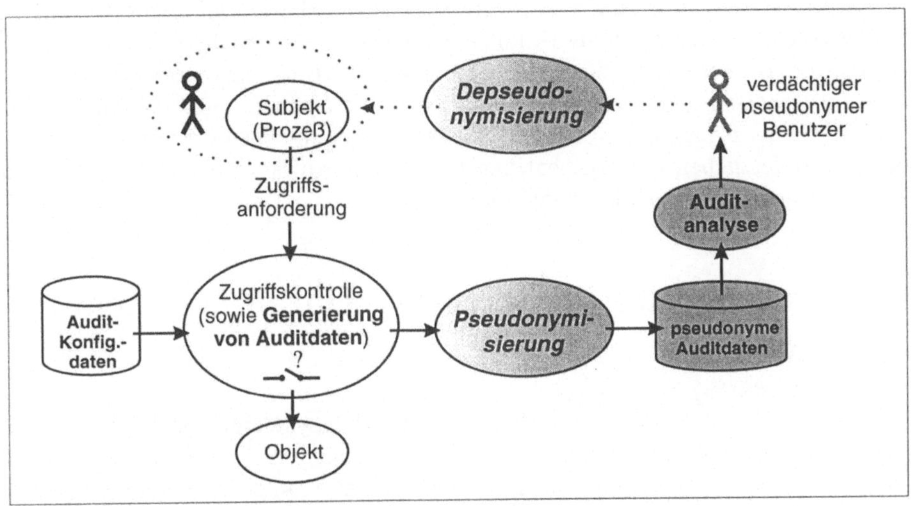

Abbildung 6.1: Funktionsweise des pseudonymen Betriebssystem-Audit

Aus theoretischer Sicht handelt es sich beim Vorgang der Pseudonymisierung um die Generierung von Funktionswerten (Pseudonymen P) aus einer Menge realer, hinsichtlich ihrer Vertraulichkeit zu schützender nutzeridentifizierender Daten D:

$$P = f(D) \tag{6.1}$$

Die Depseudonymisierung erfolgt über die entsprechende Umkehrfunktion:

$$D = f^{-1}(P) \tag{6.2}$$

Eine wesentliche Forderung ist, daß es nicht möglich sein soll, aus P und - falls offengelegt - f auf D zu schließen [Clau97]. Der Vorteil des pseudonymen Audit besteht darin, daß einerseits die Zurechenbarkeit sicherheitsrelevanter Aktionen gewährleistet wird und andererseits die bislang beim klassischen Audit erfolgende, durch offenliegende Nutzeridentifikatoren bedingte Beeinträchtigung von Datenschutzbedürfnissen überwachter Nutzer (z. B. "Unbeobachtbarkeit", vgl. Abschnitt 4.1) entscheidend minimiert werden kann. Da nur in berechtigten Verdachtsfällen eine Depseudonymisierung bestimmter Datensätze erfolgt, wird dem systemgestalterischen Kriterium der *Verhältnismäßigkeit* entsprochen sowie die

Gewährleistung einer *zweckgebundenen* Verarbeitung dieser speziellen personenbezogenen Daten unterstützt.

Als positiver Nebeneffekt erweist sich das ausgehend von Datenschutzerfordernissen konzipierte pseudonyme Audit auch gegenüber Angreifern, deren Absicht es ist, durch unzulässige Einsichtnahme in Audit-Trails das system- bzw. netzinterne Verhalten regulärer Nutzer detailliert auszuspähen. Diese Daten können wichtige Hinweise für weitere Angriffe liefern. Durch die Pseudonymisierung werden Angreifer neben der Authentifikation, der Zugriffskontrolle und Audit mit einer weiteren Sicherheitsbarriere konfrontiert.

6.2   Nutzeridentifizierende Daten in Audit-Records

Aufgrund architektureller Unterschiede von Betriebssystemen (vgl. bspw. UNIX (siehe u. a. audit.log von Solaris), Windows NT [Ho98] und VMS [vanEss91]) liegen den von ihren Auditfunktionen generierten Daten, abgesehen vom elementaren Informationsgehalt sämtlicher Auditdatensätze, recht verschiedenartige Formate zugrunde. Insbesondere die Unterschiede im Bereich der über den grundlegenden Informationsgehalt hinausgehenden aktionsspezifischen Daten lassen separate betriebssystemspezifische Untersuchungen sinnvoll erscheinen. Hinzu kommt, daß die Formate unter Berücksichtigung von Systemprogrammen (z. B. finger) analysiert werden müssen, über die anderweitig systemintern nutzeridentifizierende Daten in Erfahrung gebracht bzw. Nutzerbezüge hergestellt werden können. Davon ausgehend sowie aufgrund der exemplarischen Realisierung des pseudonymen Audit in einer Solaris-Systemumgebung werden Umfang und Informationsgehalt nutzeridentifizierender Daten in Audit-Records anhand dieser Auditdaten untersucht.

6.2.1   Informationsgehalt von Solaris-Auditdaten

Die unter Solaris generierten Audit-Records bestehen aus mehreren Token (Datenzeilen). Im **Header**-Token sind allgemeine Informationen, wie die Größe des Datensatzes (in Byte) sowie Art und Zeitpunkt der protokollierten Aktion enthalten. Im **Path**-Token ist das Objekt, das Ziel des Zugriffs, einschließlich des Zugriffspfades, benannt. Im **Attribute**-Token finden sich ergänzende Informationen zum Objekt, u. a. die Zugriffsrechte. Außerdem sind der Eigentümer (reale UID) und die Eigentümergruppe (reale GID) benannt. Das **Subject**-Token enthält detaillierte Informationen zum Initiator der protokollierten Aktion. Ausgehend vom Token-Bezeichner sind das die Audit-ID, die effektive Nutzer-ID, die effektive Gruppen-ID, die reale Nutzer-ID, die reale Gruppen-ID, die Prozeß-ID, die Session-ID sowie an letzter Stelle der Name des Rechners, auf dem sich der Nutzer erstmalig einloggte. Hinsichtlich der systeminternen Bedeutung der realen und effektiven Nutzer- und Gruppen-IDs sei auf [Stev92] verwiesen. Im abschließenden Return-Token wird dokumentiert, ob die Zugriffsanforderung erfolgreich war oder fehlschlug (siehe Beispiel).

```
header,113,2,open(2) - read,,Mon Jan 22 09:34:32 1996,+650002 msec
path,/usr/lib/libintl.so.1
attribute,100755,bin,bin,8388638,29586,0
subject,richter,richter,rnks,richter,rnks,854,639,0 0 romeo
return,success,0
```

Der Audit-Record kann vereinfacht wie folgt interpretiert werden: Am *22. Januar 1996, 9.34:32,650002 Uhr* öffnete (open(2)) der auf seinem eigenen Account agierende Nutzer *richter* (Audit-ID identisch mit realer Nutzer-ID) die Datei libintl.so.1 erfolgreich (success, 0) zum Lesen (open(2) - read). Eigentümer der Datei (Programmbibliothek) sind Nutzer und Gruppe bin - unter UNIX vordefinierte Standardbezeichner. Die Datei ist uneingeschränkt les- und ausführbar und kann lediglich vom Eigentümer inhaltlich modifiziert werden (755).

6.2.2 Kategorien nutzeridentifizierender Daten

Im Auditdatenformat von Solaris sind Daten mit unterschiedlich starkem Nutzerbezug enthalten. Diese Daten lassen sich folgenden Kategorien zuordnen:

1. direkt bzw. indirekt nutzeridentifizierende Daten,

2. bedingt nutzeridentifizierende Daten und

3. relativ schwach nutzeridentifizierende Daten.

Jede dieser Kategorien wird im folgenden exemplarisch erläutert.

6.2.3 Direkt und indirekt nutzeridentifizierende Daten

Konkrete Informationen zur Identität überwachter Nutzer sind im bereits detailliert erläuterten Subjekt-Token (Audit-, effektive und reale Nutzer- und Gruppen-Identifikatoren) und im Attribute-Token (Eigentümer und Eigentümergruppe) enthalten. Selbst wenn im Gegensatz zum Beispiel-Record die Benennung der aufgeführten Nutzeridentifikatoren nicht unmittelbar auf die Namen realer Nutzer schließen lassen, ist es bspw. mit dem Systemprogramm finger möglich, entsprechende Bezüge herzustellen (siehe Beispiel):

```
sobirey@hawk:/home/sobirey/dummy 925 > finger kara
Login name: kara                   In real life: Kai Rannenberg
Directory: /home/kara              Shell: /bin/tcsh
Last login Wed May 14 10:50 on pts/8 from eagle
...
```

Zur Kategorie der indirekten Nutzer-Identifikatoren gehören Prozeß- und Session-Identifikatoren[1]. Über Systemprogramme, z. B. whodo, w und ps (siehe Beispiele), ist es möglich, jene Nutzer in Erfahrung zu bringen, die den Start bestimmter Programme initiierten.

```
sobirey@hawk:/home/sobirey/dummy 926 > whodo
Tue Jun  3 14:12:05 MET DST 1997
hawk
...
pts/7          sobirey   15:37
pts/7           9547     0:15 tcsh
pts/7          13703     0:00 whodo

sobirey@hawk:/home/sobirey/dummy 927 > ps -Afc
    UID    PID   PPID  CLS PRI     STIME TTY        TIME CMD
    root     0      0  SYS  96    Dec 11 ?          0:01 sched
    root     1      0   TS  58    Dec 11 ?          0:47 /etc/init -
 richter 16498  16497   TS  58 17:33:16 pts/3       0:02 -tcsh
      jp 27393  27391   TS  48 10:22:14 pts/9       0:01 -tcsh
      jp 13131      1   TS  59 15:23:37 ?           0:03 perfmeter
      jp 23728      1   TS  58 08:27:53 ?           0:01 xterm -ls ...
 sobirey 19765  19758   TS  18 14:25:00 pts/13      0:00 more
    ...
```

---

[1]Die Session-ID entspricht der Prozeß-ID des Login-Prozesses.

Die mißbräuchliche Verwendung dieser Daten erfordert seitens eines Angreifers Möglichkeiten zur Beobachtung von Prozessen anderer Nutzer, die in UNIX im allgemeinen gegeben sind. Dies einzuschränken liegt im Wirkungsbereich der Zugriffskontrolle.

6.2.4   Bedingt nutzeridentifizierende Daten

Unter bestimmten Bedingungen sind die in den Zugriffspfaden, im `Path`-Token enthaltenen Daten (Kategorie 2) datenschutzrelevant, insbesondere dann, wenn Zugriffe auf eigene oder anderen Nutzern gehörende Ressourcen erfolgen. Dies ist besonders problematisch, da die Benennung von `Home`-Unterverzeichnissen mit dem Account-Namen identisch ist. Dieser ist oft der Familienname der Nutzer oder zumindest ein Namenskürzel, das mittels bestimmter Systemkommandos auf den vollständigen Nutzernamen bezogen werden kann. Bei den beschriebenen Zugriffen sind die erwähnten `Home`-Unterverzeichnisse Bestandteil des protokollierten Zugriffspfades.

Weitere bedingt nutzeridentifizierende Daten sind gegebenenfalls in den Audit-Records von Solaris enthalten, wenn bei Programmstarts Parameter und Umgebungsvariablen aufgezeichnet werden (siehe `exec_args` und `HOME` im nachfolgenden Beispiel).

```
header, ...
path, ...
attribute, ...
exec_args,2,
/usr/bin/sh,/home/meier/dummy/xyz
exec_env,28,
DISPLAY=:0.0,GROUP=sec,HELPPATH=/usr/openwin/lib/locale:/usr/
openwin/lib/help,HOME=/home/meier,HOST=hawk,HOSTTYPE=sun4, ...
subject, ...
return, ...
```

6.2.5   Relativ schwach nutzeridentifizierende Daten

Mit den Daten der Kategorie 3 können nur dann nutzeridentifizierende Rückschlüsse gezogen werden, wenn außerdem anderweitige Hintergrundinformationen zur Verfügung stehen bzw. in Erfahrung gebracht werden können. Dieser

Kategorie zuzurechnen sind realen Nutzern gehörende Unterverzeichnisse, ggf. deren Dateien bzw. Programme, Datums- und Zeitangaben, die Zugriffsrechte, der finale Status einer Aktion sowie Rechnernamen und Rechnertypangaben.

Realen Nutzern gehörende Unterverzeichnisse werden sehr oft individuell benannt, auf bestimmte Weise strukturell angeordnet und können somit Hinweise auf die Identität ihrer Eigentümer liefern. Des weiteren können die Datums- und Zeitangaben in Kombination mit der initiierten Aktion zu Zwecken mißbräuchlicher Depseudonymisierung herangezogen werden. Dokumentiert bspw. ein Audit-Record das Starten eines bestimmten Programms, kann durch Vergleiche mit zeitgleich dazu ermittelten Prozeßinformationen der Rechner, auf dem das Programm gestartet wurde, sowie der Nutzer, der den Programmstart initiierte, ermittelt werden.

Die in den Auditdatensätzen angegebenen Rechnernamen, auf denen Aktionen initiiert und protokolliert wurden, sind bspw. dann datenschutzrelevant, wenn Nutzer in überschaubaren Systemumgebungen fast ausschließlich auf einem bestimmten Rechner arbeiten, der ansonsten kaum von anderen Nutzern in Anspruch genommen wird. Fallen auf einem solchen Rechner größere Mengen Auditdaten an, kann mit hoher Wahrscheinlichkeit davon ausgegangen werden, daß dessen vorrangiger Nutzer der Initiator der protokollierten Aktionen war.

Ein weiteres interessantes, unter bestimmten Bedingungen nutzeridentifizierendes Datum sind die Zugriffsrechte. Für ein Fallbeispiel wird angenommen, daß entsprechend den für ein Objekt gesetzten Zugriffsrechten nur der Eigentümer schreibend zugreifen darf. Ergibt nun eine Korrelation von Zugriffsrechten, Aktion und finalem Aktionsstatus, daß irgendein (pseudonymer) Nutzer dieses Objekt erfolgreich zum Schreiben öffnete, kann davon ausgegangen werden, daß nur der Eigentümer, der Systemadministrator Root oder ein auf einem dieser beiden Accounts agierender Eindringling diesen Zugriff *erfolgreich* initiieren konnte.

Der `exec_env`-Token enthält u. a. die `HOST`-Variable, die angibt, auf welchem Rechner ein Nutzer zum Zeitpunkt der protokollierten Aktion aktiv ist (vgl. Abschnitt 6.2.4). In abgeschwächter Form gilt dies auch für die im `exec_env`-Token enthaltene `HOSTTYPE`-Variable, die vor allem in überschaubaren heterogenen Umgebungen für unzulässige (mißbräuchliche) Depseudonymisierung von Bedeutung sein kann.

Wie die Untersuchung der exemplarischen, unter Solaris generierten Audit-Records zeigte, sind in diesen Datensätzen wesentlich mehr nutzeridentifizierende Daten enthalten, als es auf den ersten Blick scheinen mag. Eine Übersicht zu diesen Daten findet sich in Tabelle 6.1.

Token	Nutzeridentifizierende Daten	Kategorie
Header	Aktion	3
	Tag- und Zeitangabe	3
Path	HOME-Unterverzeichnis	2
	Unterverzeichnis(se)	3
	Ressource	3
Attribute	Zugriffsrechte	3
	Ressourcen-Eigentümer (reale UID)	1
	Ressourcen-Eigentümergruppe (reale GID)	1
Exec_args	Pfadangaben, siehe Path-Token	2 bzw. 3
Exec_env	Pfadangaben, siehe Path-Token	2 bzw. 3
	Rechnername	3
	Rechnertyp	3
Subject	Audit-ID	1
	effektive UID	1
	effektive GID	1
	reale UID	1
	reale GID	1
	Prozeß-ID	1
	Session-ID	1
	login-Rechner zu Beginn der Sitzung	3
Return	Aktionsstatus	3
	Rückgabewert	3

Tabelle 6.1: Nutzeridentifizierende Daten in Solaris-Audit-Records

6.3 Verfahrenstechnische Anforderungen

Sowohl bei der Pseudonymisierung als auch bei der Depseudonymisierung müssen
einige grundlegende, verfahrenstechnische Anforderungen berücksichtigt werden.
Diese betreffen den Schutz der Vertraulichkeit der realen Identität Audit-basiert
überwachter Nutzer, sinnvoll auswertbare pseudonyme Datenrepräsentationen,
die Verknüpfbarkeit jener Pseudonyme, die identische nutzeridentifizierende Daten repräsentieren, die Art und Weise der Realisierung der Depseudonymisierung
sowie die Berücksichtigung von Leistungsanforderungen. Diese Anforderungen
werden im folgenden exemplarisch untersucht.

6.3.1 Vertraulichkeit der Identität überwachter Nutzer

Eine entsprechend dem "Need to Know"-Prinzip erfolgende Vergabe von Zugriffsrechten für Auditdaten ist elementar und wird vorausgesetzt. Die darüber hinausgehend zu gewährleistende Vertraulichkeit der den Auditdaten zugrundeliegenden Nutzeridentifikatoren hängt vor allem von folgenden Faktoren ab:

- vom Umfang der Pseudonymisierung innerhalb der Datensätze,

- vom Wertebereich der einzelnen nutzeridentifizierenden Datenfelder und

- von der Resistenz der eingesetzten Verfahren gegenüber Angriffen.

Die Erforderlichkeit einer umfangreichen Pseudonymisierung von Auditdatensätzen im Hinblick auf die Gewährleistung der Vertraulichkeit der nutzeridentifizierenden Daten ist offensichtlich. Unterstützend kann dabei auch eine Vergröberung nutzeridentifizierender Daten vorgenommen werden. Bspw. erschwert eine Unterverzeichnis-übergreifende Pseudonymisierung von Zugriffspfaden Rückschlüsse auf die Verzeichnistiefe eines referenzierten Objekts. In Abstimmung mit der Auditanalyse kann sich die Skalierbarkeit des Umfangs der zu pseudonymisierenden Daten als sinnvoll erweisen.

Die Widerstandsfähigkeit eingesetzter Pseudonymisierungsverfahren gegenüber Angriffen steht in Relation zum durchschnittlichen Aufwand, der betrieben werden muß, um Pseudonyme zu berechnen. Sie hängt außerdem von der Größe der Zeitintervalle, während der mit ein und derselben Parametrisierung (der Pseudonymisierungsfunktionen, z. B. Schlüssel) gearbeitet wird, und von der Art, wie nutzeridentifizierende Daten auf Pseudonyme abgebildet werden, ab.

Letzteres kann im einfachsten Fall bijektiv erfolgen, d. h. ein nutzeridentifizierendes Datum wird auf genau ein bestimmtes Pseudonym abgebildet (und umgekehrt). Alternativ dazu besteht die Möglichkeit, nutzeridentifizierende Daten auf n verschiedene Pseudonyme abzubilden, wobei $n \in I\!N$. Eine Abbildung bestimmter nutzeridentifizierender Daten auf mehrere Pseudonyme erweist sich insbesondere bei der Pseudonymisierung solcher Daten als sinnvoll, die über sehr kleine Wertebereiche verfügen.

Insbesondere durch nicht zu große Zeitintervalle, innerhalb derer eine bestimmte Parametrisierung (z. B. Schlüssel) bei der Pseudonymisierung Verwendung findet, und durch Abbildung nutzeridentifizierender Daten auf mehrere Pseudonyme kann verhindert werden, daß potentielle Angreifer zu viele verhaltensbeschreibende Daten bestimmten Pseudonymen zuordnen können.

6.3.2 Analysierbare pseudonyme Datenrepräsentationen

Im Interesse der Vertraulichkeit der Identität überwachter Nutzer ist eine möglichst umfassende Pseudonymisierung von Auditdatensätzen anzustreben. Dies ist wünschenswert, um bestehende Risiken hinsichtlich mißbräuchlicher Depseudonymisierung zu minimieren.

Eine Pseudonymisierung fast aller in den Abschnitten 6.2.3 - 6.2.5 aufgeführten nutzeridentifizierenden Daten würde allerdings die analytische Verwertbarkeit der Auditdatensätze infrage stellen, was mit dem nachfolgenden Beispiel-Record verdeutlicht werden soll:

```
header,113,2,pseu_1,pseu_2
path,/usr/pseu_3/pseu_4
attribute,100pseu_5,pseu_6,pseu_7,8388638,29586,0
subject,pseu_6,pseu_6,pseu_7,pseu_6,pseu_7,pseu_8,pseu_9,0 0
 pseu_10
return,pseu_11,pseu_12
```

Dieser umfassend pseudonymisierte Audit-Record kann vereinfacht wie folgt interpretiert werden: *Irgendein* Nutzer agierte auf seinem *eigenen* Nutzer-Account (Audit-ID und reale UID sind identisch), initiierte dabei *irgendwann, irgendwie* (finaler Status) *irgendeine* Aktion, die *irgendein ihm* gehörendes Objekt (Eigentümer-ID und Audit-ID sind identisch) referenzierte.

Das Beispiel zeigt, daß für pseudonyme Repräsentationen von Audit-Records im Hinblick auf deren sinnvolle Analysierbarkeit gewisse Einschränkungen des Umfangs der Pseudonymisierung unumgänglich sind. Tabelle 6.2 enthält eine detaillierte Auflistung und Klassifikation der in Solaris-Audit-Records enthaltenen nutzeridentifizierenden Daten sowie eine Empfehlung hinsichtlich ihrer Pseudonymisierung.

Wie dieser Tabelle entnommen werden kann, wird empfohlen, *möglichst* alle nutzeridentifizierenden Daten der Kategorie 1 zu pseudonymisieren, ebenso die zur Kategorie 2 gehörenden Daten (sofern diese bestimmte, für die Identifikation von Nutzern entscheidende Bedingungen erfüllen). Im Fall der Home-Unterverzeichnisse sind die letztgenannten Bedingungen erfüllt, wenn bspw. deren Benennung mit dem Login-Nutzernamen (assoziiert mit realer UID) identisch ist.

Eine Pseudonymisierung der in Kategorie 3 aufgeführten nutzeridentifizierenden Daten sollte ausgehend von der Beschaffenheit konkreter Systemumgebungen im

Token	Nutzeridentifizierende Daten	Kategorie	Pseudonymisierung?
`Header`	Aktion	3	nein
	Tag- und Zeitangabe	3	nein
`Path`	Home-Unterverzeichnis	2	ja
	Unterverzeichnis(se)	3	ggf.
	Ressource	3	ggf.
`Attribute`	Zugriffsrechte	3	nein
	Ressourcen-Eigentümer (reale UID)	1	ja
	Ressourcen-Eigentümergruppe (reale GID)	1	ja
`Exec_args`	Pfadangabe, siehe Path-Token	2 bzw. 3	analog Path
`Exec_env`	Pfadangabe, siehe Path-Token	2 bzw. 3	analog Path
	Rechnername	3	ggf.
	Rechnertyp	3	ggf.
`Subject`	Audit-ID	1	ja
	effektive UID	1	ja
	effektive GID	1	ja
	reale UID	1	ja
	reale GID	1	ja
	Prozeß-ID	1	ja
	Session-ID	1	ja
	Terminal-ID	1	ja
	login-Rechner zu Beginn der Sitzung	3	ggf.
`Return`	Aktionsstatus	3	nein
	Rückgabewert	3	nein

Tabelle 6.2: Analysierbare pseudonyme Datenrepräsentation für Solaris

jeweiligen Einsatzbereich und unter Berücksichtigung auswertungsrelevanter Gesichtspunkte vorgenommen werden. Höchste Priorität hinsichtlich erforderlicher Pseudonymisierung haben Identifikatoren von Rechnern und Terminals.

6.3.3 Verknüpfbarkeit von Pseudonymen

Elementar für die Zurechenbarkeit IT-sicherheitsgefährdender Aktionen ist die Gewährleistung der Verknüpfbarkeit jener Pseudonyme, die identische nutzeridentifizierende Daten repräsentieren (vgl. Abschnitt 6.3.1). Die Verknüpfbarkeit ist die entscheidende Voraussetzung für eine detaillierte Rückverfolgung von Angreiferaktivitäten. Die Verknüpfbarkeit muß auch beim Übergang zu einer neuen Parametrisierung der Pseudonymisierungsfunktionen (z. B. Schlüsselwechsel bei Kryptofunktionen) gewährleistet werden, um möglichst keinen Informationsverlust bzgl. laufender, d. h. noch nicht beendeter Attacken zu verursachen.

Die Korrelation einer Vielzahl pseudonymer Audit-Records bestimmter Nutzer kann andererseits eine gewisse Verringerung des Vertraulichkeitsschutzes für die Nutzeridentitäten mit sich bringen. Ungeachtet dessen ist diese Gewährleistung der Verknüpfbarkeit von Pseudonymen aufgrund ihrer Bedeutung für die Zurechenbarkeit letztlich unverzichtbar.

6.3.4 Realisierung der Depseudonymisierung

Eine weitere wesentliche Anforderung an pseudonymes Audit besteht darin, sicherzustellen, daß Depseudonymisierungen von Auditdatensätzen nur in berechtigten Verdachtsfällen erfolgen. Derartige Verdachtsfälle liegen vor, wenn die für die Vergleiche mit Angriffssignaturen relevanten Inhalte von Audit-Records mit (Teilen von) Angriffssignaturen übereinstimmen oder bei Vergleichen mit Referenzprofilen[2] gravierende Abweichungen aufweisen, die als sicherheitskritische Anomalien interpretiert werden. In diesen Fällen ist es möglich, Depseudonymisierungen automatisiert vorzunehmen, was sich insbesondere bei analytischen Echtzeit-Forderungen[3] als unumgänglich erweist. Dabei muß allerdings die Verwendung von ausschließlich dem Aufspüren von IT-Sicherheitsverletzungen dienenden Regelwerken gewährleistet werden.

Depseudonymisierungen können sich außerdem bei nachträglichen Auswertungen archivierter Auditdaten, bspw. beim zielgerichteten Aufspüren neuer, bislang unbekannter, IT-sicherheitsgefährdender Aktivitäten, als erforderlich erweisen. Zur Kompensation von Risiken hinsichtlich unkontrollierter Depseudonymisierung kann das 4-Augen-Prinzip zur Anwendung gebracht werden. In diesem Fall würden zwei Personen, wobei zumindest eine davon Vertrauensperson (z. B. ein sachkundiges Mitglied des Betriebs- oder Personalrates) sein sollte, die Sachlage beurteilen und ggf. Depseudonymisierungen *gemeinsam* initiieren. Kryptographisch läßt sich das 4-Augen-Prinzip bspw. durch Teilung der verwen-

---

[2]Für die Vergleiche mit Referenzprofilen kann es sich als erforderlich erweisen, die zuvor innerhalb eines Zeitintervalls generierten Audit-Records inhaltlich zu akkumulieren.

[3]Eine entsprechende Vorgabe könnte bspw. lauten, daß neu generierte Auditdaten binnen 10 Sekunden auszuwerten sind.

deten Schlüssel oder doppelte Verschlüsselung unter Verwendung unterschiedlicher Schlüssel realisieren.

6.3.5 Berücksichtigung von Leistungsanforderungen

Die Integration der für das pseudonyme Audit erforderlichen Funktionen zur Pseudonymisierung und Depseudonymisierung verursacht zwangsläufig eine Mehrbelastung von IT-Systemen in Hinblick auf Speicherplatz, Rechenzeit und Datenübertragungskapazität. Infolgedessen erweist sich eine möglichst effiziente Realisierung als wünschenswert. Dies spielt vor allem eine Rolle bei der Überwachung sensitiver Systemumgebungen, für die sehr hohe Anforderungen an die Schnelligkeit der Auditanalyse sowie ggf. auch an die Initiierung von Gegenmaßnahmen gelten.

Weiterhin sollte darauf geachtet werden, daß die eingesetzten Pseudonymisierungsverfahren eine möglichst geringe Erhöhung der von den Auditfunktionen generierten Auditdatenaufkommen verursachen.

6.4 Methoden zur Generierung von Pseudonymen

Prinzipiell ist es möglich, Pseudonyme deterministisch oder zufällig (einschließlich frei wählbar) zu generieren (siehe u. a. [Po96]). Für das pseudonyme Audit kommen ausschließlich *deterministisch* generierte Pseudonyme in Betracht, die abgesehen von den hier nicht näher betrachteten Stromchiffren[4] mittels Blockchiffren generiert werden können.

Blockchiffren verschlüsseln jeweils mehrere Bytes umfassende Zeichengruppen. Sie basieren sender- und empfängerseitig auf der Verwendung identischer geheimer Schlüssel. Die Sicherheit dieser Art der Verschlüsselung beruht auf der Sicherheit der verwendeten Schlüssel. Die prinzipielle Funktionsweise dieser Kryptosysteme läßt sich wie folgt darstellen:

E ... encryption, die Verschlüsselungsfunktion
D ... decryption, die Entschlüsselungsfunktion

---

[4]Stromchiffren verschlüsseln die zu verarbeitenden Zeichenketten, die eine variable Länge aufweisen können, symmetrisch und byteweise. Es gibt einerseits synchrone Stromchiffren, die auf Pseudozufallsgeneratoren basieren, und selbstsynchronisierende Stromchiffren (mit Textrückkopplung) [Frie+93].

m ... message, die zu verschlüsselnde Nachricht

c ... ciphertext, das Chiffrat

k_{secret} ... secret key, geheimer Schlüssel

$$E(m, k_{secret}) = c \qquad (6.3)$$

$$D(c, k_{secret}) = m. \qquad (6.4)$$

Blockchiffren werden aus Effizienzgründen zur Verschlüsselung größerer Datenmengen eingesetzt. Im Vergleich zu geläufigen asymmetrischen Kryptosystemen weisen Blockchiffren etwa 1000-fach höhere Datendurchsatzraten auf (vgl. [Schnei96, Frie+93]). Hinzu kommt, daß aufgrund der relativ kleinen Blockgrößen (meist 8 Byte) bei der Pseudonymisierung der oft wenige Bytes großen nutzeridentifizierenden Record-Einträge[5] ein relativ geringes Datenmehraufkommen durch das für die Verarbeitung erforderliche Auffüllen unvollständiger Datenblöcke zu erwarten ist.

6.5 Funktionale Integration

Für die Integration von Pseudonymisierungsfunktionen bestehen zwei grundsätzliche Möglichkeiten, die Integration in:

1. Auditfunktionen oder

2. Funktionseinheiten von Analyse-Tools bzw. Intrusion Detection-Systemen.

Um zu gewährleisten, daß nutzeridentifizierende Daten unmittelbar nach ihrer Generierung und noch vor ihrer erstmaligen Abspeicherung pseudonymisiert werden, müssen entsprechende Modifikationen an den Auditfunktionen vorgenommen werden. Auf diese Weise wird verhindert, daß originäre Auditdaten zu irgendeinem Zeitpunkt im IT-System in gespeicherter Form mit durchgehend offengelegten nutzeridentifizierenden Daten vorliegen. Sofern das nicht möglich sein sollte, muß auf eine Variante der Integration in Funktionseinheiten von Intrusion Detection-Systemen zurückgegriffen werden.

Die Depseudonymisierung kann von den Analyse-Tools bzw. Intrusion Detection-Systemen je nach Bedarf automatisch oder interaktiv mit den entsprechenden Zuständigen vorgenommen werden.

---

[5]Reale Nutzeridentifikatoren werden bspw. unter UNIX von Daten des Typs long repräsentiert und weisen somit eine Größe von 4 Byte auf.

Kapitel 7

Pseudonymes Audit mit AID

Die Prototypimplementierung des pseudonymen Audit erfolgte in einem AID-überwachten lokalen Netz unter Verwendung der Kryptobibliothek LiSA. Zunächst werden die Architektur und die prinzipielle Funktionsweise des Intrusion Detection-Systems AID erläutert. Davon ausgehend werden für die Integration der Verschlüsselungsfunktionen geeignete Schnittstellen ausgewählt, das für AID entwickelte Pseudonymisierungs- bzw. Depseudonymisierungskonzept vorgestellt und Anforderungen an die zu integrierenden Kryptofunktionen spezifiziert. Anschließend erfolgt eine Auswahl der für die Implementierung verwendbaren Kryptofunktionskategorie sowie eine Beschreibung der Implementation der (De-)Pseudonymisierung und der Depseudonymisierung.

7.1 Das Intrusion Detection-System AID

AID (Adaptive Intrusion Detection System) ist ein System zur automatischen Erkennung von IT-Sicherheitsverletzungen in Rechnernetzen. Erste grundlegende Ideen zum System finden sich in [So93]. Im Rahmen eines vom Ministerium für Wissenschaft, Forschung und Kultur des Landes Brandenburg von 1994 bis 1996 geförderten Projektes wurde das Intrusion Detection-System entwickelt, implementiert und getestet [So96]. Seit Ende 1995 liegt ein funktionsfähiger Prototyp vor. Die Weiterentwicklung des Systems erfolgt im Rahmen eines vom Bundesamt für Wehrtechnik und Beschaffung geförderten Forschungsvorhabens. Im März 1997 wurde AID auf der Computerfachmesse CeBIT in Hannover präsentiert.

7.1.1 Entwicklungsvorgaben

Der Entwicklung von AID wurden folgende Anforderungen zugrundegelegt:

- Überwachung *heterogener* Systemumgebungen,

- Analyse von Betriebssystem- *und* Netz-Auditdaten,

- Realisierung einer automatischen, *datenschutzorientierten* Auditanalyse,

- Überwachung sensitiver Einsatzumgebungen in *Echtzeit*,

- kombinierter Einsatz eines Expertensystems und einer (für AID namensprägenden) *adaptiven*, neuronalen Auswertungseinheit.

In heterogenen Systemumgebungen anfallende Auditdaten liegen unterschiedliche Formate zugrunde. Zur Lösung des Problems der Auswertung derartiger Daten durch zentrale Auswertungseinheiten wurde die Verwendung eines AID-internen *(betriebssystem-)unabhängigen* Auditdatenformates[1] vorgesehen, das zu einem späteren Zeitpunkt auch in der Lage sein sollte, Netz-Auditdaten aufzunehmen. Die Konvertierung der zu analysierenden Auditdaten sollte durch Funktionseinheiten des Intrusion Detection-Systems erfolgen.

Auf informationelle Defizite von Betriebssystem-Auditfunktionen bei der Protokollierung von Netzaktivitäten (rechnerübergreifende Kommunikation, Interaktion bzw. Datentransfers) sowie bei den darauf aufsetzenden Intrusion Detection-Systemen wurde bereits in Kapitel 3 hingewiesen. Zur Kompensation dieses Schwachpunktes, der sich insbesondere bei der Überwachung von Netzen nachteilig bemerkbar macht, wurden funktionale Erweiterungen im Bereich des Betriebssystem-Audit vorgesehen.

Die Integration der für eine datenschutzorientierte pseudonyme Auditanalyse erforderlichen Funktionen wird in den Abschnitten 7.2 - 7.4 eingehend erläutert.

Die Überwachung sensitiver Einsatzumgebungen stellt hohe zeitliche Anforderungen an die Erkennung von Sicherheitsverletzungen sowie die Initiierung von Gegenmaßnahmen. Gestaltungsziel war es, Attacken innerhalb vorgegebener Zeitintervalle (Echtzeit) zu erkennen. Entsprechende Vorgaben sind in fast allen IT-Sicherheitskriterien enthalten (u. a. [CSSC92, NIST&NSA92]), die Anfang der 90er Jahre entwickelt wurden.

---

[1] Aufgrund des in der Entwicklungsumgebung vorherrschenden Betriebssystems Solaris ist eine Orientierung auf Auditdaten heterogener UNIX-Systeme derzeit noch unverkennbar. Dies wird sich u. a. mit der Aufnahme Windows NT-spezifischer Auditdaten ändern.

Regel- bzw. Mustervergleich-basierte Auswertungssysteme liefern detaillierte Informationen darüber, welche Angriffe initiiert wurden, wie weit diese vorangeschritten sind, wer die Initiatoren der Angriffe sind, welche Prozesse beteiligt, welche Accounts betroffen sind und dergleichen. Davon ausgehend wurde entschieden, AID mit einem Expertensystem als primäre Auswertungseinheit auszustatten.

Unter Berücksichtigung der Gewährleistung einer in Echtzeit erfolgenden Auditanalyse sollte dieses Expertensystem auf der Grundlage von RTworks, einer Entwicklungsumgebung für verteilte echtzeitfähige Applikationen, entwickelt werden. Parallel dazu sollten auf künstlichen neuronalen Netzen basierende adaptive Auswertungseinheiten zur Erkennung IT-sicherheitsgefährdender Anomalien zum Einsatz kommen.

7.1.2   Architektur und prinzipielle Funktionsweise

AID ist ein zentralistisches verteiltes Intrusion Detection-System zur Auditgestützten Echtzeit-Überwachung lokaler Netze. Dem System liegt eine aus einer Überwachungsstation und mehreren, auf den überwachten Rechnern befindlichen Monitoring-Agenten bestehende Client-Server-Architektur zugrunde (siehe Abb. 7.1).

Die von den Betriebssystem-Auditfunktionen auf den überwachten Rechnern generierten Auditdaten werden von Monitoring-Agenten vorverarbeitet, in ein betriebssystemunabhängiges Format konvertiert und auf Anforderung des Managers mittels eines Secure RPC-basierten Sicherheits-Managementprotokolls zur zentralen Auswertungs- bzw. Überwachungsstation übertragen. Dort werden die Auditdaten von einem Expertensystem analysiert. Das Expertensystem verfügt über eine Wissensbasis mit zustandsorientiert modellierten Angriffssignaturen, die in Form von Regeln implementiert sind. Über ein graphisches Nutzer-Interface werden dem Sicherheitsadministrator überwachungsrelevante Daten angezeigt. Das Expertensystem archiviert Daten zu beendeten und abgebrochenen Angriffen sowie daran beteiligten Nutzern. Auf der Grundlage dieser Daten werden Sicherheitsreports generiert.

Im folgenden werden das dem AID-Prototypen zugrundeliegende Betriebssystem-Audit von Solaris sowie der Aufbau und die prinzipielle Funktionsweise der grundlegenden Funktionseinheiten des Systems erläuert.

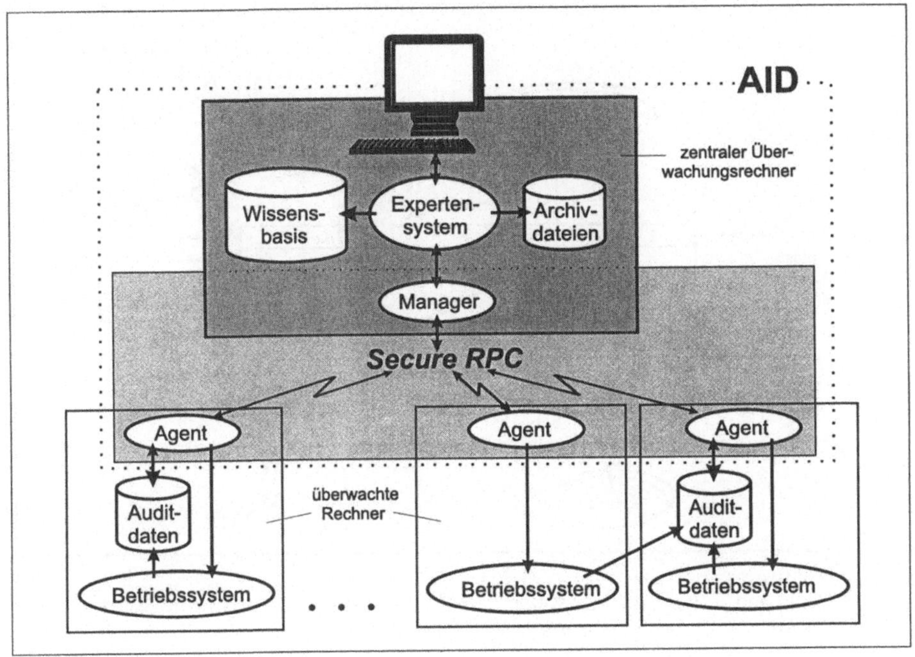

Abbildung 7.1: Architektur des Intrusion Detection-Systems AID

7.1.3 Das zugrundeliegende Betriebssystem-Audit

In der Entwicklungs- und Testumgebung überwacht AID exemplarisch mehrere unter Solaris 2.x laufende Sun SPARCstations. In Solaris werden Auditdaten
vom Basic Security Modul (BSM) generiert und im kerninternen Arbeitsspeicher gepuffert (siehe K-RAM in Abb. 7.2). Dort werden sie vom Audit-Daemon
(`auditd`) entnommen und in eine Datei geschrieben. Insgesamt werden vom Betriebssystem 278 mit Systemrufen und High Level-Aktionen (z. B. Systeman-
und -abmeldungen) korrespondierende Auditereignisse standardmäßig definiert,
die wiederum 17 Audit-Ereignisklassen zugeordnet sind.

Die Bereitstellung der eigentlichen Auditfunktionalität erfolgt durch das BSM-
Kernmodul `c2audit`, welches beim Systemstart in den Betriebssystemkern
gelinkt wird. Entsprechend der relativ hohen Aufzeichnungsgranularität werden
Auditereignisse der folgenden, begrifflich weitgehend selbsterklärenden Ereignis-
klassen protokolliert: `login_logout`, `file_read`, `file_write`, `file_creation`,

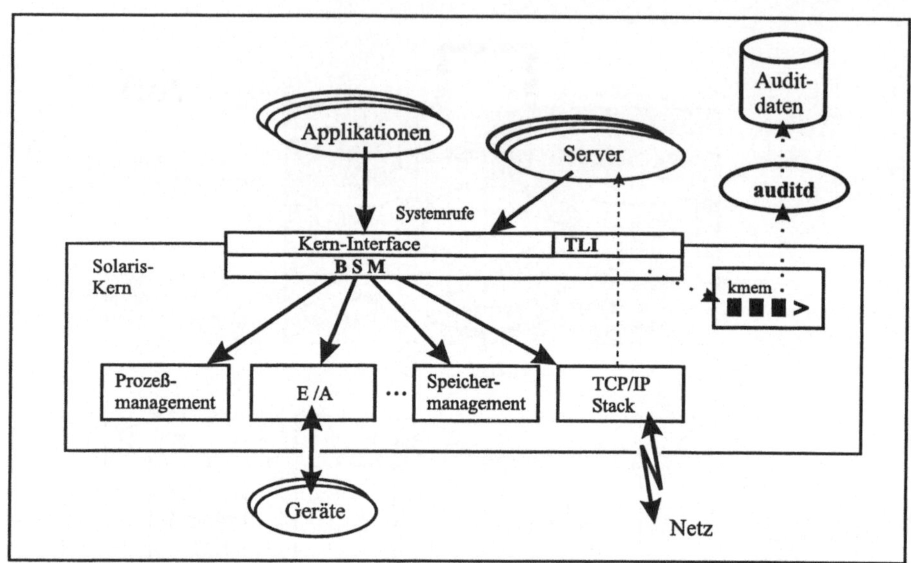

Abbildung 7.2: Funktionsweise des Betriebssystem-Audit von Solaris

file_delete, file_attribute_acc, file_attr_mod, process, administrative
sowie exec (siehe audit_kevents.h und audit_uevents.h). Außerdem werden Auditereignisse der Klasse non_attr aufgezeichnet, die u. a. Systemstarts sowie PROM-
spezifische Ereignisse umfassen.

Die Systemstart-Konfiguration der überwachten Rechner wurde dahingehend
geändert, daß die Auditfunktion zum frühestmöglichen Zeitpunkt aktiv wird.
Aus Sicherheitsgründen erfolgt die Abspeicherung neu generierter Auditdaten in
einer separaten Partition (vgl. Abschnitt 3:1.3).

7.1.4   Die Monitoring-Agenten

Die grundlegenden Aufgaben der auf den überwachten Rechnern befindlichen
Monitoring-Agenten umfassen:

- Entnahme,

- Vorverarbeitung,

- Konvertierung von Auditdaten,

- Management der lokalen Auditfunktionen sowie

- applikationsspezifisches Logging.

Auf Anforderung des Managers (vgl. Abschnitt 7.1.6) entnehmen die Agenten neue Auditdaten und bereiten diese für den Transfer zur zentralen Auswertungsstation auf. Einhergehend mit der Konvertierung der lokalen Auditdaten in das AID-interne Datenformat erfolgt im Zuge der Vorverarbeitung eine Reduktion der zu verarbeitenden Datensätze sowie eine Ergänzung um analytisch relevante Informationen. Nicht in das AID-Record-Format übernommen werden bspw. die Größenangaben der Audit-Records, die Token-IDs sowie Versionsangaben jener Auditfunktion, mit denen die Daten generiert wurden. Ergänzt werden Daten, die eine Differenzierung gestarteter Programme in Binärdateien und Scripts ermöglichen sowie eine Unterscheidung lokaler und gemounteter Ressourcen. Des weiteren erfolgt eine Sonderbehandlung bestimmter Auditereignisse sowie die Zuordnung von Auditereignissen zu Auditereignisklassen.

Im Rahmen des Managements der lokalen Auditfunktionen sind die Agenten bspw. in der Lage, diese Funktionen zu starten, zu deaktivieren, zum Anlegen neuer Auditdateien zu veranlassen, sowie deren Aufzeichnungsgranularität (Konfiguration) zu verändern. Die in den Logdateien gespeicherten Daten enthalten Informationen zu Aktivitäten des Agenten. Protokolliert werden bspw. das Starten des Agenten, die Werte der Initialisierungsparameter, das Terminieren des Agenten, das Öffnen einer neuen Auditdatei sowie Fehler, über deren Auftreten der Manager informiert wird.

Die auf den überwachten Rechnern vom jeweiligen Betriebssystem generierten Auditdaten werden von den Monitoring-Agenten verwaltet. Sie kennen die Namen der zu einer lokalen Audit-Trail gehörenden Dateien, die jeweilige aktuelle Datei, in die neu generierte Auditdaten geschrieben werden, und die Positionen, bis zu denen Datensätze ausgelesen wurden. Ein Agent kann die Daten mehrerer überwachter Rechner verarbeiten. Dies ist erforderlich, wenn die Betriebssystem-Auditfunktionen mehrerer Rechner ihre Auditdaten auf einem bestimmten Rechner abspeichern (siehe Abb. 7.1).

Der prinzipielle Aufbau der Monitoring-Agenten wird in Abb. 7.3 veranschaulicht. Das Einlesen der angeforderten neuen Auditdaten aus den Audit-Trails erfolgt über die Entnahme-Funktionseinheit. Über die Steuerungskomponente werden sowohl das Management der lokalen Auditfunktionen als auch Änderungen der Konfiguration der jeweiligen Agenten (bspw. die Zuweisung einer neuen Audit-Trail) realisiert. Die Funktionalität der Security-Management Information

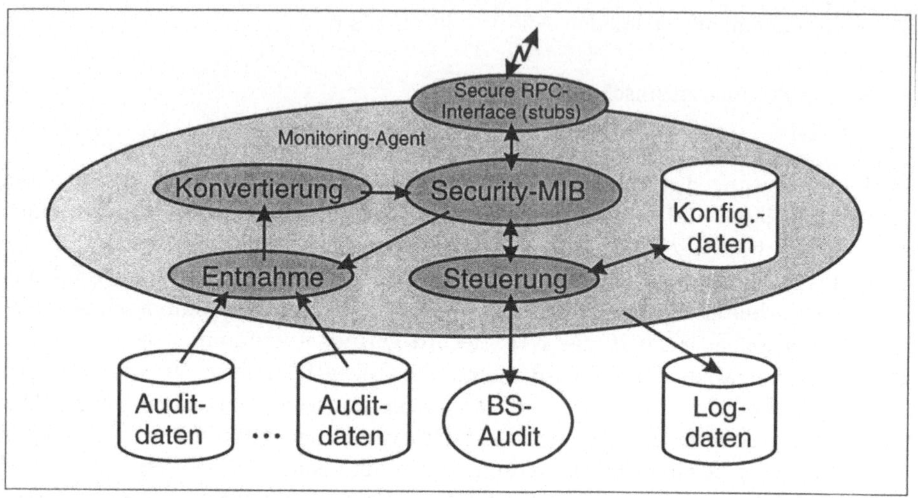

Abbildung 7.3: Funktionseinheiten des Monitoring-Agenten

Base[2] (MIB) gewährleistet die Bearbeitung von Anfragen (Requests) und deren
Weiterleitung an die entsprechenden Module. Über die Secure RPC-Schnittstelle
erfolgt die Kommunikation mit dem Manager. Das applikationsspezifische Logging des Agenten realisieren mehrere Funktionseinheiten.

7.1.5   Das Sicherheits-Managementprotokoll

Zentralistische Audit-basierte Netzüberwachung erfordert den Transfer der auf
den überwachten Rechnern generierten Auditdaten, Interaktion zwischen den
verteilt agierenden Funktionseinheiten sowie das Management der Monitoring-
Agenten. Hierbei treten typische Probleme des Netzmanagements auf, insbesondere die Heterogenität der zu überwachenden Domäne(n) sowie die Belastung des
Netzes durch das Managementprotokoll. Des weiteren muß die Integrität der zu
übertragenden Management- und Auditdaten gewährleistet werden und es sollte eine Authentifizierung der interagierenden Komponenten erfolgen. Aus diesen
Gründen ist für diesen Funktionsbereich ein *Sicherheits-Managementprotokoll* erforderlich, daß zudem in der Lage sein sollte, auch größere Datenmengen effizient
zu übertragen.

---

[2]Die tabellarischen Einträge einer MIB enthalten direkt abfragbare Werte sowie Funktionen,
die im Fall des Eingehens eines entsprechenden Requests aktiviert werden.

Das in AID verwendete Secure RPC-basierte Protokoll ermöglicht eine *gegenseitiger Authentifizierung* der Kommunikationspartner, womit den obigen Sicherheitsanforderungen zumindest teilweise entsprochen werden kann. Die implementierten Softwareschnittstellen sind so beschaffen, daß jederzeit eine Integration neuer Protokolle erfolgen kann.

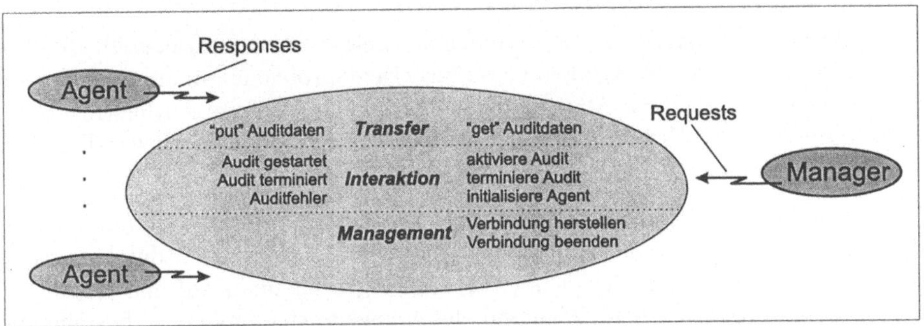

Abbildung 7.4: Funktionalität des Sicherheits-Managementprotokolls

Die Funktionalität des in AID eingesetzten Sicherheits-Managementprotokolls ist in Abb. 7.4 veranschaulicht. Über das Protokoll erfolgen der Transfer von Auditdaten sowie das Management der Monitoring-Agenten und der lokalen Auditfunktionen.

7.1.6 Der Manager

Der auf der zentralen Überwachungsstation befindliche Manager realisiert folgende Aufgaben:

- das Management der Monitoring-Agenten,

- eine temporäre Speicherung eingehender Auditdaten,

- die Weiterleitung der vom Expertensystem getroffenen Entscheidungen an die betreffenden Monitoring-Agenten sowie

- applikationsspezifisches Logging.

Das Management der Monitoring-Agenten beinhaltet Aufbau, Aufrechterhaltung und Abbau von Kommunikationsverbindungen zu den Monitoring-Agenten. Zur

Minimierung der Netzbelastung werden die eingehenden Auditdaten in einem Cache gepuffert und die Monitoring-Agenten mittels eines gesteuerten Polling abgefragt. Ziel dieses Polling ist die Reduzierung der an die Agenten gerichteten Abfragen auf eine effiziente Anzahl. Weniger stark belastete Rechner, die ein geringeres Aufkommen an Auditdaten aufweisen, werden nicht so oft abgefragt, wie Rechner mit hohem Datenaufkommen.

Der Manager protokolliert ihn betreffende Ereignisse, u. a. (ausfallbedingte) Nicht-Erreichbarkeit von Agenten sowie Sicherheitsprobleme, die im Zusammenhang mit den eingehenden Auditdaten stehen (z. B. inkorrekte Authentifikation, Prüfsummenfehler). Des weiteren initiiert der Manager die Fehlerbehandlung zu diesen Ereignissen.

Nach dem Start des Managers und dessen Initialisierung stellt er Verbindungen zu den Monitoring-Agenten her, die in einer speziellen Konfigurationsdatei vorgegeben sind. Voraussetzung hierfür ist, daß diese Agenten zuvor auf den jeweiligen Rechnern gestartet wurden. Während der Laufzeit ist es möglich, bestehende Verbindungen zu Agenten zu beenden oder Verbindungen zu weiteren Agenten aufzubauen.

7.1.7   Die zentrale Auswertungseinheit

Zentrale Auswertungseinheit von AID ist ein RTworks-basiertes Expertensystem. RTworks ist eine modular aufgebaute Entwicklungsumgebung für echtzeitfähige verteilte Applikationen. Sie besteht standardmäßig aus folgenden Komponenten: `RTie` (Inferenzmaschine mit objektorientierter Wissensbasis), `RTdaq` (Entgegennahme und Aufbereitung zu analysierender Daten), `RThci` (graphisches Nutzer-Interface), `RTarchive` (Archivierung von Daten), `RTplayback` (Daten-Recovery), `RTdb` (Datenbank) und `RTserver` (Koordination der Interaktion zwischen den einzelnen Komponenten, siehe Abb. 7.5, [Sci97]).

AID nutzt die Funktionseinheiten `RTserver`, `RTie` sowie `RThci`. Die im Cache befindlichen, zu analysierenden Auditdaten werden von der Inferenzmaschine entnommen. Nach der Verarbeitung dieser Daten veranlaßt die Inferenzmaschine über den Manager den nächsten abzufragenden Monitoring-Agenten zum Transfer neuer Auditdaten. Die entnommenen Auditdatensätze werden mit den in der Wissensbasis befindlichen Angriffssignaturen verglichen. Die dabei gewonnenen Auswertungsergebnisse werden durch eine eigene funktionale Erweiterung der Inferenzmaschine aufbereitet, über das graphische Nutzer-Interface angezeigt und für weitergehende Analysen (Review) archiviert (siehe Abb. 7.6).

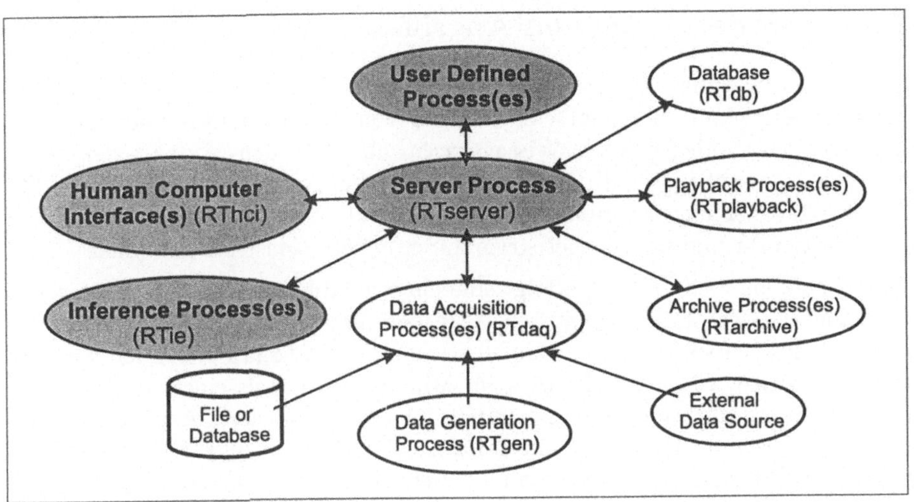

Abbildung 7.5: Interaktion der RTworks-Komponenten im Überblick

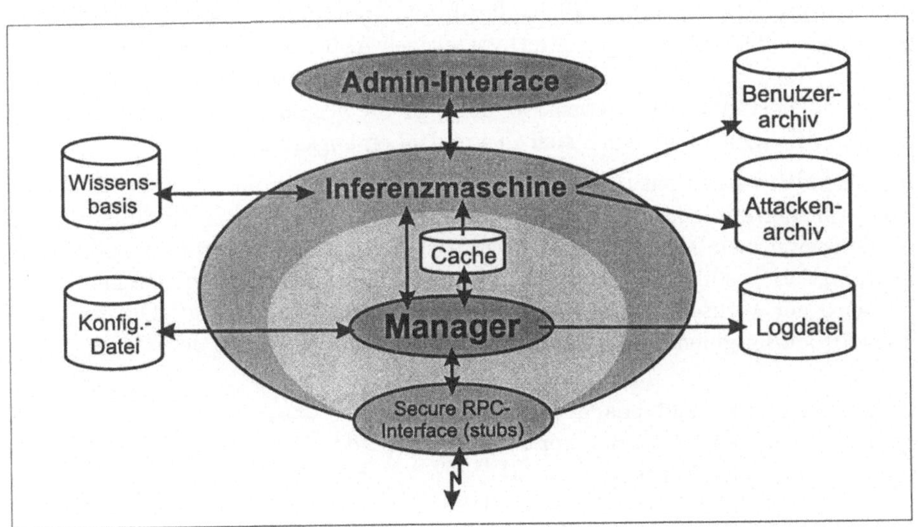

Abbildung 7.6: Funktionseinheiten der zentralen Überwachungsstation

7.1.8 Modellierung von Angriffssignaturen

Das Potential eines Expertensystems hinsichtlich der Erkennung von IT-Sicherheitsverletzungen hängt entscheidend von der Aktualität und der Qualität der zugrundeliegenden Wissensbasen ab. Für den Aufbau der AID-internen Wissensbasis sind detaillierte Beschreibungen von Angriffen bzw. IT-Sicherheitsverletzungen notwendig. Diese Informationen werden über Recherchen in Fachliteratur und im Internet sowie durch Penetrationstests gewonnen.

Ausgehend von diesen Daten erfolgt eine nutzerunabhängige zustandsorientierte Modellierung der Angriffssignaturen. Aufgrund dieser Form der Modellierung ist es möglich, auch solche Angriffe aufzuspüren, die von kollaborierenden Nutzern initiiert werden. Eine Attacke wird im Minimalfall mittels einer, meist jedoch durch mehrere aufeinander abgestimmte Aktionen realisiert. Angriffsrelevante Aktionen überführen Attacken in definierte Zustände. Aufgrund der Vielzahl möglicher Anfangszustände werden diese bei der Modellierung der Angriffssignaturen nicht berücksichtigt.

Grundlage für die anhand von Auditdaten erfolgende Modellierung einer Attacke sind *signifikante Aktionen* und relevanter *Kontext*. Weiterhin ist eine Berücksichtigung von Aktionen erforderlich, die durch Änderung von Kontextbedingungen einen (zufälligen oder gezielten) vorzeitigen Abbruch einer Attacke bewirken können. Nach der Identifizierung aller wesentlichen Aktionen werden die resultierenden Zustände beschrieben [So+96]. Für die graphische Veranschaulichung der Angriffssignaturen eignen sich Zustandsübergangsdiagramme.

Im folgenden werden das Prinzip sowie die nicht ganz unproblematische Modellierung von Angriffssignaturen am Beispiel der Replikation eines Shell-Virus[3] – einer vergleichsweise einfachen Attacke – veranschaulicht. Der vorgestellte Shell-Virus kontaminiert ausführbare Shell-Scripts, auf die er schreibend zugreifen kann. Dabei wird der Viruscode am Dateiende des Shell-Scripts angefügt. Das folgende Pseudocode-Fragment skizziert die prinzipielle Funktionsweise des Virus:

```
suche ausfuehr- und beschreibbare Shell-Scripts;
teste, ob diese virulent kontaminiert sind;
while gefundene_Files > 0 do {
    oeffne FILE zum Schreiben;
    kopiere die eigenen (Virus-)Codefolgen in FILE;
    schliesse FILE;
};
```

---

[3]Computerviren sind innerhalb von Dateien bzw. Programmen befindliche ausführbare, selbstreproduktionsfähige Codefolgen.

Davon ausgehend können zunächst folgende signifikante Aktionen abgeleitet werden:

Aktion 1: Ein Nutzer startet ein Shell-Script (*f1*).

Aktion 2: Dieses Shell-Script öffnet eine ausführbare Datei (*f2*) zum Schreiben.

Basierend auf diesen Aktionen durchläuft bzw. erreicht die Attacke zwei Zustände:

Zustand 1: Ein Programm (*f1*) wurde gestartet.
Kontext: Dieses Programm ist ein Shell-Script.

Zustand 2: Das Shell-Script öffnete eine Datei (*f2*) zum Schreiben.
Kontext: Diese Datei ist eine ausführbare Datei.

Bei der Modellierung müssen außerdem Aktionen berücksichtigt werden, die einen vorzeitigen Abbruch der Attacke verursachen. Dies ist sinnvoll, um zu vermeiden, daß das Expertensystem die Attacke als in einem Zwischenzustand befindlich ansieht und unnötigerweise mit zugehörigen Speicherobjekten (Frames) belastet wird. Außerdem sind derartige Aktionen als Ansatzpunkte für Gegenmaßnahmen interessant.

Ein vorzeitiger Abbruch dieser Attacke kann durch eine unmittelbar nach dem Start des virulenten Trägerprogramms (Prozeß-ID `pid1`) initiierte Terminierung (`exit`) des selbigen bewirkt werden. Dadurch wird der eigentlichen Replikation des Shell-Virus die Grundlage entzogen. Der Signaturrohling der Shell-Virus-Replikation umfaßt somit drei Aktionen und drei Zustände, einen Zwischen-, einen End- und einen Abbruchzustand (siehe Abb. 7.7).

Im Hinblick auf eine effiziente Modellierung (und Interpretation) der Angriffssignatur muß berücksichtigt werden, daß die im obigen Beispiel beschriebene Aktion 2 sowohl direkt vom Shell-Script über Buildin-Kommandos als auch durch von ihm gestartete Programme initiiert werden kann. Die dazu erforderliche Verfolgung der vom Shell-Script gestarteten Programme kann einen erheblichen Aufwand verursachen. Ein weiteres grundlegendes Problem besteht darin, daß das Starten von Scripts einen an sich normalen Vorgang in UNIX-Systemumgebungen darstellt und im Fall einer Signatur, die das Starten von Shell-Scripts einbezieht, eine Vielzahl unnötiger Warnmeldungen verursachen würde.

Kompensierbar sind diese Probleme mit einer auf die Aktion 2 reduzierten Signatur – eine ausführbare Datei (*f2*) wird von einem Shell-Script zum Schreiben geöffnet – sowie durch Tolerieren (oder Ausblenden) eventueller Falschmeldungen, die bspw. bei der Programmierung von Shell-Scripts verursacht werden.

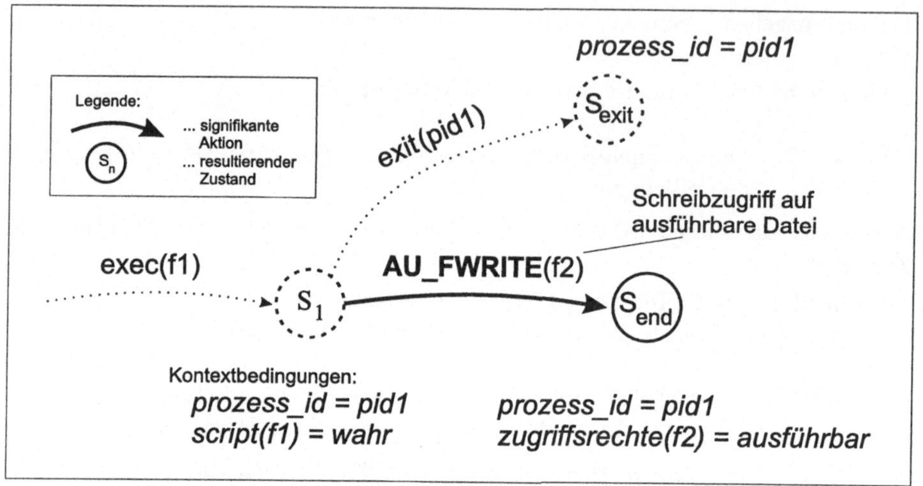

Abbildung 7.7: Zustandsübergangsdiagramm einer Shell-Virus-Replikation

Im Gegensatz zu gestarteten Programmen, für die seitens der Agenten ein Ab-
testen hinsichtlich einer Differenzierung in Binärdateien oder Shell-Scripts vorgenommen wird, erfolgt dies bei Schreibzugriffen auf ausführbare Dateien nicht.
Würde auch dafür eine Programmdifferenzierung durchgeführt, wäre es möglich,
Schreibzugriffe von Shell-Scripts auf andere Shell-Scripts nachzuweisen. Ob über
derartige Schreibzugriffe die Kopie eines Shell-Virus eingefügt wird oder eine
inhaltliche Manipulation erfolgt, ist, ausgehend von den in den Audit-Records
enthaltenen Daten, letztendlich nicht entscheidbar.

Zur Unterstützung der Wirksamkeit der für diese Signatur zu implementie-
renden Regeln sollte die in der jeweiligen Einsatzumgebung verbindliche IT-
Sicherheitspolitik Vorgaben beinhalten, wonach Shell-Scripts so zu programmieren sind, daß sie nicht schreibend auf andere ausführbare Programme (Binärdateien, Shell-Scripte) zugreifen. Derartige Zugriffe sollten lediglich einigen wenigen
(bekannten) Konfigurations-Scripts vorbehalten sein.

7.1.9 Implementation der Wissensbasis

Die dem Expertensystem von AID zugrundeliegende Wissensbasis enthält eine
Regel- und eine *Faktenbasis*. Die in der Regelbasis befindlichen Regeln werden
beim Auftreten angriffsspezifischer Audit-Records aktiviert. Sie veranlassen die

Generierung von Frames für die Speicherung von Zustandsinformationen bzw. die Aktualisierung von in Frames gespeicherten Daten. Die Faktenbasis enthält analytisch relevante Informationen zu bestimmten Dateien, Nutzern und Umgebungsvariablen.

Die Implementation der Wissensbasis beinhaltet rechner-, prozeß-, nutzer- und angriffsspezifische Regeln und Frames. *Rechnerspezifische* Regeln bewirken die Herein- und Herausnahme von Rechnern in die bzw. aus der Überwachung. Sie initiieren die dafür notwendigen Aktionen über den Manager. Die zugehörigen Frames speichern den Namen und die IP-Adresse des jeweiligen überwachten Rechners sowie die Anzahl aktiver Nutzer und laufender (d. h. in Zwischenzuständen befindlicher) Attacken.

Mittels *prozeßspezifischer* Frames wird die Zuordnung von Prozeß-IDs und Programmnamen gewährleistet. Die zugehörigen Regeln überwachen den Lebenszyklus von Prozessen (`fork`, `exec`, `exit`, `kill`, `core`).

Die *nutzerspezifischen* Regeln werten sämtliche Zugangsversuche (logins) zu den überwachten Rechnern aus. Die zugehörigen Frames speichern neben der Art des Zugangs den Zeitpunkt, den Nutzernamen sowie den Ursprungsrechner, auf dem sich der Nutzer erstmalig in der überwachten Systemumgebung einloggte. Diese Daten liefern Informationen zum Weg eines potentiellen Angreifers durch ein lokales Netz.

Angriffsspezifische Frames speichern die aus den Audit-Records entnehmbaren Daten zu laufenden Attacken. Im einzelnen handelt es sich dabei um Informationen zu bereits erfolgten Angriffsaktionen und den zugehörigen Kontext.

Die *Faktenbasis* besteht aus einer Mount-, einer RPC- sowie einer Environment-Tabelle. Diese Tabellen werden beim Start des Expertensystems über Konfigurationsdateien initialisiert. Zur Laufzeit erfolgt eine fortlaufende Aktualisierung der Einträge. In der Mount-Tabelle sind die über NFS gemounteten Verzeichnisse der überwachten Rechner enthalten. Sie ist die Grundlage für die Unterscheidung lokaler und gemounteter Ressourcen. Die RPC-Tabelle enthält Informationen hinsichtlich der zu überwachenden Rechner, z. B. den jeweiligen Rechnernamen, IP-Adressen, Verbindungsarten, Cache-Größen und Angaben zum Status der Verbindung zum zugehörigen Monitoring-Agenten. In der Environment-Tabelle sind sicherheitsgefährdende Belegungen bestimmter Umgebungsvariablen aufgelistet. Diese bilden die Grundlage für die Erkennung von trojanischen Pferden, die sicherheitskritisch initialisierte Umgebungsvariablen ausnutzen.

7.1.10 Die graphische Nutzerschnittstelle

Auswertungsergebnisse sowie anderweitige, für die Audit-gestützte Überwachung eines lokalen Netzes relevante Daten werden dem Sicherheitsadministrator über ein graphisches Interface angezeigt. Für die Implementierung der Oberfläche (siehe Abb. 7.8) wurde der Interface-Builder RTdraw benutzt.

Im linken oberen Bereich der graphischen Nutzerschnittstelle befinden sich drei farbig unterlegte Zähler, mit denen die Anzahl abgeschlossener IT-Angriffe (Alarme, rot), in Zwischenzuständen befindliche IT-Angriffe (Warnungen, gelb) sowie sämtliche, auf den überwachten Rechnern erfolgte Systeman- und -abmeldungen (Infos, grün) angezeigt werden. Durch Anklicken der jeweiligen Zähler werden die zugehörigen Informationen ausgegeben.

In der daneben befindlichen Menüleiste sind mehrere Schaltflächen angeordnet, die mit diversen Managementfunktionen unterlegt sind. Diese ermöglichen u. a. die Herein- oder Herausnahme von Rechnern in die bzw. aus der Überwachung, die Steuerung des Expertensystems sowie eine Anzeige der in den vom Expertensystem generierten Archivdateien befindlichen Daten.

Die in Abb. 7.8 dargestellte Version der Administrator-Oberfläche stellt sieben überwachbare Rechner mittels Symbolen dar. Der aktuelle Zustand der überwachten Rechner wird mittels unterschiedlicher Farbgebung veranschaulicht. So signalisiert die Farbe Blau, daß auf dem jeweiligen überwachten Rechner keine (vom Expertensystem erkennbaren) IT-sicherheitsgefährdenden Aktionen initiiert wurden. Dokumentieren Auditdatensätze Aktionen, die Bestandteile von Angriffen sind, werden die entsprechenden Rechnersymbole gelb eingefärbt. Um darüber hinausgehend die Aufmerksamkeit des Sicherheitsadministrators auf sich zu ziehen, werden die Rechnersymbole zudem blinkend angezeigt. Komplettieren die auf überwachten Rechnern initiierten Aktionen einen oder mehrere Angriffe, erfolgt eine Roteinfärbung (ebenfalls blinkend) der betreffenden Rechnersymbole.

Auswertungsergebnisse zu den auf einem bestimmten überwachten Rechner initiierten Aktionen werden durch Anklicken des entsprechenden Rechnersymbols in den beiden größeren Fenstern angezeigt. Das obere enthält Informationen zu sämtlichen Systemanmeldungsversuchen, z. B. via `telnet`, `rsh` oder `rlogin`, die den jeweiligen Rechner betreffen. Im darunter befindlichen Fenster werden Daten zu auf den Rechnern laufenden Attacken, den daran beteiligten Nutzern und Ressourcen graphisch dargestellt. Über das ganz unten dargestellte Fenster werden Meldungen ausgegeben, die die Monitoring-Agenten oder das Expertensystem betreffen. Eine überblicksmäßige Ausgabe der auf allen überwachten Rechnern eingeloggten Nutzer erfolgt im rechten Fenster.

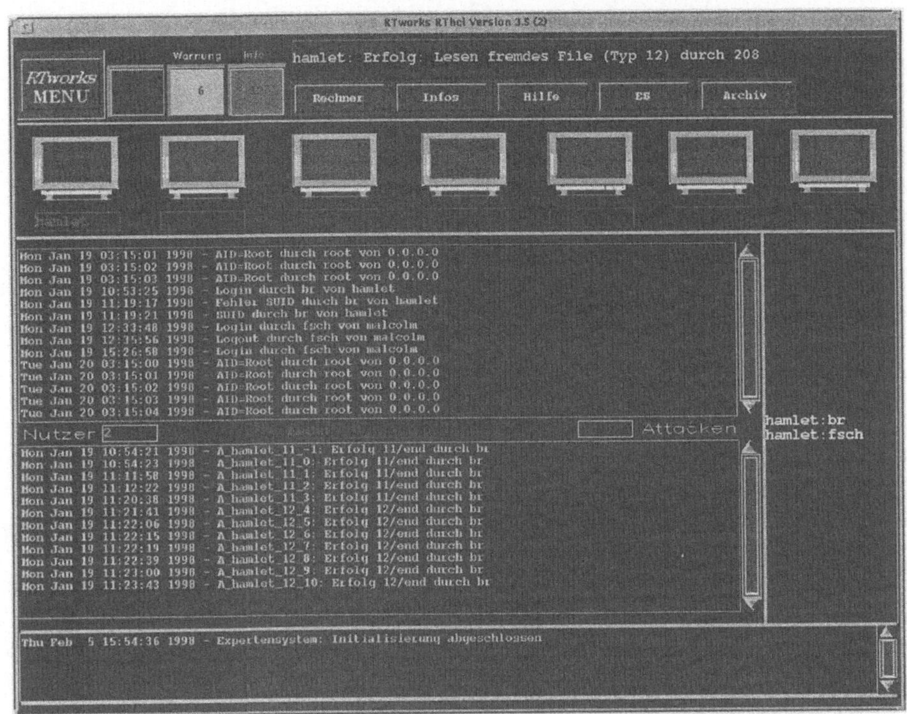

Abbildung 7.8: Die graphische Nutzeroberfläche

7.1.11   Generierung von Sicherheitsreports

Mittels spezieller Programme werden ausgehend von den Daten, die vom Expertensystem archiviert wurden, diverse Sicherheitsreports generiert. Über einen
Eingabeparameter kann die jeweilige Detailliertheit der zu generierenden Reports vorgegeben werden. Die Programme ermöglichen die gezielte Durchsicht
der Daten nach bestimmten Attacken bzw. nach Aktivitäten bestimmter Nutzer. Nachfolgend ein exemplarischer Sicherheitsreport zur Kontaminierung eines
Shell-Scripts durch den in Abschnitt 7.1.8 vorgestellten Shell-Virus:

```
ID A_hamlet_sv_1 TYPE 2 HOST hamlet EXIT success STATE 1
BEGIN Mon Jun 23 18:02:43 1997
 LAST Mon Jun 23 18:02:43 1997
DESC replication of a shell virus
```

```
>>STATE END
AUID focke EUID focke EGID stuff RUID focke RGID stuff
PID 2240 PROG /home/focke/tmp/shell_virus TTY 0 0 FROM hamlet
WHEN Mon Jun 23 18:02:43 1997
EVENT AUE_OPEN_W (open(2) - write) CLASSES 2 ARG NONE
ENV NONE
FILE1 /tmp/target_script
SCRIPT /usr/bin/sh OWNER wulf GOWNER stuff PERM -rwxrwxrwx INODE
 12
SERVER hamlet
```

Die Kopfzeile des Reports beginnt mit einer Attacken-ID (`A_hamlet_sv_1`).
Es folgen der Typ (2) der intern verwendeten Frame-Struktur, der Rechner
(hamlet), auf dem die Attacke initiiert wurde, der finale Zustand der Attacke
(`success`) sowie die Anzahl der Zustände (1), die von der Attacke insgesamt
durchlaufen wurden. Des weiteren enthält der Report Angaben zum Zeitraum,
während dem die Attacke vonstatten ging, gefolgt von einer Auflistung der
Zustände, die bis zum finalen Zustand durchlaufen wurden. Im einzelnen enthält
jede dieser Zustandsbeschreibungen Angaben zum Initiiator der vorherigen Aktion, zur vorherigen Aktion (deren Ergebnis der jeweilige dokumentierte Zustand
ist), Angaben zum Zeitpunkt des Erreichens der Zustände sowie zum referenzierten Objekt. Da die exemplarische Attacke anhand einer signifikanten Aktion
nachgewiesen werden kann, dokumentiert der obige Report nur einen einzigen
Zustand, der vereinfacht wie folgt interpretiert werden kann: Das von Nutzer
focke auf dem Rechner *hamlet* gestartete Programm `shell_virus` öffnete das
dem Nutzer *wulf* gehörende und für jedermann les-, schreib- und ausführbare
Shell-Script `target_script` erfolgreich zum Schreiben (`open(2) - write`).

7.1.12   Leistungsvermögen des Systems

Der AID-Prototyp (Stand 1997) ist in der Lage, ein aus mehreren Rechnern bestehendes lokales Netz auf der Grundlage von Solaris-Auditdaten in Echtzeit zu
überwachen. Voraussetzungen dafür sind u. a. die Verwendung der leistungsstar-
ken Expertensystem-Shell RTworks sowie eine effiziente Abfrage der Monitoring-
Agenten. Messungen auf einer Sun SPARCstation 5 ergaben eine durchschnitt-
liche Durchsatzrate von ca. 2,5 MByte Auditdaten pro Minute. Die Inferenzmaschine des Expertensystems kann bis zu 12.000 Regeln pro Minute abarbeiten.
Aufgrund der Verwendung eines sehr detaillierten *Auditdatenformates* ist AID in
der Lage, Attacken zu erkennen, die von anderen Systemen, aufgrund des Feh-

lens bestimmter Informationen in deren systemintern verwendeten Auditdatenformaten, nicht erkannt werden können. Aufgrund der sich seit Jahren unter den UNIX-Derivaten (z. B. AIX, HP-UX, IRIX, SCO) abzeichnenden zunehmenden Standardisierungstendenzen (z. B. UNIX SVR4, POSIX) kann davon ausgegangen werden, daß die Audit-basierte Überwachung anderer UNIX-Derivate relativ geringe funktionale Modifikationen erfordern wird.

Die Wissensbasis enthält vollständige Angriffssignaturen u. a. zu trojanischen Pferden[4], Race Conditioned[5]- und Brute Force-Attacken, zur Replikation von Shell-Viren (siehe Abschnitt 7.1.9) sowie zu Denial of Service-Attacken[6]. Neben dem Aufspüren bekannter IT-Angriffe erfolgen Abtestungen typischer Angriffsendzustände, um auf diese Weise neuartige IT-Attacken auf die Spur zu kommen. Die implementierten Beispiele umfassen u. a. Zugriffe auf anderen Nutzern gehörende Ressourcen, Lese- und Schreibzugriffe auf fremde Home-Verzeichnisse, die Generierung von suid/sgid-Dateien sowie Dateizugriffe von Root über NFS[7].

Abschätzungen hinsichtlich der Anzahl überwachbarer Rechner müssen letztendlich auf der Grundlage lokaler Gegebenheiten in *konkreten Einsatzumgebungen* vorgenommen werden. Primäres Kriterium ist die Größe des maximal zulässigen Zeitintervalls (Minuten, Sekunden) für die Analyse neu generierter Auditdaten. Davon ausgehend sind das zu erwartende Aufkommen an Auditdaten sowie die zu erwartenden Übertragungsraten (was letztlich von der Netzbelastung abhängt) zu berücksichtigen. Entscheidend für das lokale Aufkommen an Auditdaten sind u. a. folgende Faktoren:

- die Funktion der überwachten Rechner im Netz (z. B. einfache Arbeitsstation, File-, Mail-, WWW-, FTP-, Compute-Server, Router, Firewall),

- die Anzahl aktiver Nutzer sowie

- die Anzahl aktiver Prozesse und deren Aktionsintensität.

---

[4] Erkannt werden bspw. namensgleiche Falsifikate von Systemprogrammen, die sicherheitskritisch initialisierte Environment-Variablen ausnutzen.

[5] Mittels des suid-Mechanismus ist es möglich, auch normale Nutzer temporär mit Systemadministrator-Privilegien auszustatten. Vor dem eigentlichen Öffnen einer Datei (mittels open(2)) werden deren Zugriffrechte mit den Privilegien des Programmausführenden verglichen (access()). Durch fehlerhafte Implementierungen ist es einem Angreifer möglich, die erfolgreich getestete Datei vor dem eigentlichen Öffnen gegen eine andere Datei auszutauschen.

[6] Derartige Angriffe haben eine massive Beeinträchtigung der Verfügbarkeit von Ressourcen (z. B. Kommunikationsdiensten) zum Ziel. Einerseits kann dies durch die extensive Inanspruchnahme, andererseits durch gezielte Terminierung bestimmter Systemkomponenten erfolgen.

[7] Über NFS erfolgende Dateizugriffe als Root ermöglichen unumschränkte Zugriffe auf sämtliche, in einer Domäne befindliche Rechner, ohne auf diesen eingeloggt sein zu müssen.

Außerdem sind Faktoren zu beachten, die Einfluß auf die Geschwindigkeit haben, mit der ein Monitoring-Agent neu generierte Auditdaten einer Auditdatei entnehmen, vorverarbeiten und konvertieren kann. Dies hängt insbesondere von der Belastung des überwachten Rechners sowie von dessen Hardware-Ausstattung (Prozessoren, Speicherkapazität) ab.

Es versteht sich von selbst, daß die zu überwachenden Rechner in der Lage sein müssen, die durch das lokale Audit und die Monitoring-Agenten verursachte zusätzliche Belastung zu verkraften. Werden diese Rechner im unüberwachten Zustand bereits fast am Leistungslimit betrieben, ist eine Aufrüstung der zugrundeliegenden Hardware unumgänglich. Analoges gilt für die Datenübertragungskapazität zu überwachender Netze.

7.1.13 Weiterentwicklung des Intrusion Detection-Systems

AID unterliegt als Forschungsprototyp einer kontinuierlichen Weiterentwicklung. Derzeit wird an der Integration folgender Funktionen sowie Leistungsmerkmale gearbeitet:

- Integration spezieller Netzmonitore (Host-orientiertes Netz-Audit),

- Audit-basierte Überwachung von Windows NT-Systemumgebungen sowie

- Indikation von Anomalien mittels künstlicher neuronaler Netze.

Der Grundgedanke des Host-orientierten Audit besteht in der Kompensation bestehender informationeller Defizite aktueller Betriebssystem-Auditfunktionen bei der Protokollierung von Netzaktivitäten durch Verwendung kernintegrierter und/oder applikativ realisierter Netzmonitore. Diese Funktionseinheiten ermöglichen den überwachten Rechnern eine detaillierte Protokollierung der sie betreffenden Netzaktivitäten [Rich+97].

Die Überwachung von Windows NT-Systemumgebungen erfolgt zunächst analog der derzeitigen Überwachung von Solaris-Systemen auf der Grundlage von Betriebssystem-Auditdaten. Eine für die Erkennung von Windows NT-spezifischen Angriffen erforderliche Wissensbasis befindet sich im Aufbau. Ein für dieses Betriebssystem erforderlicher Monitoring-Agent wird derzeit implementiert.

Im Bereich der Anomalie-Erkennung wurden Versuche mit Jordan-Netzen [Jo86] sowie mit Kohonen-Merkmalskarten [Ko89] durchgeführt. Aufgrund der im Vorfeld zur Verfügung stehenden beschränkten Ressourcen konnte bislang noch kein

Experimentalprototyp einer solchen neuronalen Auswertungseinheit in AID integriert werden.

7.2 De-/Pseudonymisierungskonzept für AID

Mit dem für AID entwickelten Pseudonymisierungs- bzw. Depseudonymisierungskonzept wird angestrebt sicherzustellen, daß die innerhalb einer überwachten Solaris-Systemumgebung generierten und von AID verarbeiteten Auditdaten lediglich unter bestimmten, weitgehend kontrollierbaren Bedingungen depseudonymisiert werden.

7.2.1 Pseudonymisierung mittels der Agenten

Für die Realisierung der Pseudonymisierung von Solaris-Auditdaten in einer AID-überwachten Systemumgebung unter Verwendung kryptographischer Verfahren bestehen zwei grundsätzliche Möglichkeiten. Entweder die Pseudonymisierung erfolgt

- betriebssystemintern durch die *Auditfunktion* oder

- sie wird durch die *Monitoring-Agenten* realisiert.

Die erstgenannte Variante ist ausgehend von Datenschutzgesichtspunkten der Idealfall, da neu generierte Auditdaten bereits bei der ersten Abspeicherung in pseudonymer Repräsentation vorliegen. Derzeitige kommerzielle Betriebssysteme verfügen bislang über keine Audit-spezifischen Funktionen zur Pseudonymisierung und Depseudonymisierung. Um dennoch eine betriebssysteminterne Pseudonymisierung von Auditdaten vornehmen zu können, sind Eingriffe in die zugrundeliegende Systemsoftware von Solaris 2.x, auf das AID aufsetzt, unumgänglich.

Für die alternative Variante der Pseudonymisierung in den Monitoring-Agenten sprechen aufgrund der funktionalen Spezifik von AID gewichtige Gründe. Die Monitoring-Agenten des Systems ergänzen im Zuge der Vorverarbeitung die auf den überwachten Rechnern anfallenden Auditdaten um analytisch relevante Informationen, die in den vom Betriebssystem Solaris generierten Audit-Records nicht enthalten sind. Um diese Informationen mittels Lesezugriffen (seitens der Agenten) in Erfahrung bringen zu können, müssen bspw. die Pfadeinträge und Ressourcennamen in den `Path`-Token der Auditdatensätze interpretierbar sein

(d. h. unverschlüsselt vorliegen). Eine Verarbeitung von Auditdatensätzen, die bereits pseudonymisiert vorliegen, würde eine Beschaffung ergänzender Informationen beeinträchtigen, was wiederum Auswirkungen auf die Qualität der Auswertung hätte. Es könnten dann keine programmspezifischen Angriffssignaturen, differenziert für Shell-Scripts und Binärprogramme, erstellt werden. Davon ausgehend wird im folgenden diese Variante favorisiert.

Unter Berücksichtigung der analytischen Verwertbarkeit pseudonymer Auditdaten und zur Vermeidung einer unnötigen Komplizierung der Archivierung pseudonymer Auditdaten wird für die exemplarische Implementierung von einer Pseudonymisierung sämtlicher nutzeridentifizierenden Daten der Kategorien 1 und 2 sowie der Rechnernamen (Kategorie 3) ausgegangen.

7.2.2 Depseudonymisierung durch das Expertensystem

Die zur zentralen Auswertungs- bzw. Überwachungsstation übertragenen Auditdaten werden vom Expertensystem ausgewertet. Depseudonymisierungen analysierter Auditdatensätze werden vom Expertensystem automatisch vorgenommen, sofern sie Angriffssignaturen oder Teilen davon entsprechen bzw. grundlegende überwachungsrelevante Informationen (z. B. Systeman- und -abmeldungen von Nutzern[8]) enthalten. Die entsprechenden Informationen werden über das graphische Nutzer-Interface ausgegeben (siehe Abb. 7.9).

7.2.3 Signaturen mit selektivem Nutzerbezug

Die überwiegende Mehrzahl von Angriffssignaturen kann ohne Einschränkung der als Initiator infrage kommenden Nutzer(gruppen) modelliert und implementiert werden. Für die in Abschnitt 7.1.8 erläuterte Signatur zur Erkennung von Shell-Virus-Replikationen ist es an sich unerheblich, ob die IT-Attacke von einem privilegierten oder "normalen" Nutzer initiiert wurde. Gleiches gilt für Brute Force-Attacken, die über die Inanspruchnahme von Systemanmeldungsprogrammen bzw. -diensten (z. B. `telnet`) erfolgen.

Für die Erkennung bestimmter IT-Sicherheitsverletzungen sind jedoch *nutzerbezogene* Signaturen unumgänglich. Ein Beispiel dafür sind über NFS realisierbare Zugriffe von Systemadministratoren (`root`) auf Dateien, die auf anderen Rechnern gespeichert sind. Diese Zugriffe können vorgenommen werden, ohne

---

[8]Diese Daten ermöglichen bereits eine triviale Anomalie-Erkennung, bspw. wenn irgendein Nutzer auf dem Account eines Nutzers aktiv ist, der dienstlich, gesundheits- oder urlaubsbedingt nicht im System aktiv sein kann.

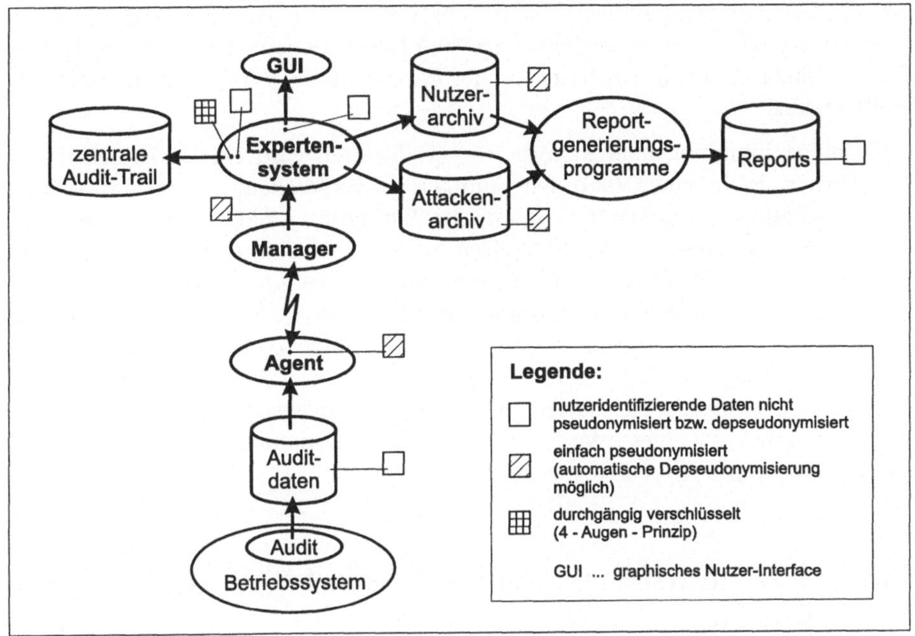

Abbildung 7.9: Das für AID entwickelte De-/Pseudonymisierungskonzept

daß eine vorherige Systemanmeldung auf den betreffenden Zielrechnern erfolgen muß. Um derartige sicherheitskritische Aktionen erkennen zu können, muß in der entsprechenden Signatur in irgendeiner Form auf das jeweilige aktuelle Pseudonym des Systemadministrators Bezug genommen werden.

Analoges gilt für die selektive Überwachung bestimmter Accounts, die wiederholt das Ziel von IT-Attacken sind, wenn bspw. das Ziel der Überwachung nicht das umgehende Blocken der Attacken ist, sondern das Ziehen von Rückschlüssen auf die Absichten der Angreifer. Letzteres kann nur auf der Grundlage systematischer Beobachtungen erfolgen (vgl. [Sto92]).

7.2.4 Archivierung von Auditdaten und Analyseergebnissen

Das Expertensystem von AID speichert sämtliche Systeman- und -abmeldevorgänge im Nutzerarchiv und IT-Sicherheitsverletzungen dokumentierende analytische Ergebnisse im Attackenarchiv in pseudonymer Form. Erst bei der Report-generierung erfolgt verarbeitungsintern eine Depseudonymisierung dieser Daten. Parallel dazu muß eine Archivierung der korrespondierenden Schlüssel sicherge-stellt werden.

Für die Archivierung aller analysierten Auditdaten wird eine Möglichkeit zur Abspeicherung in einer zentralen Audit-Trail vorgesehen, die für individuel-le nachträgliche Analysen (Reviews) zur Verfügung steht. Diese Auswertun-gen dienen insbesondere dem Aufspüren bislang unbekannter IT-Sicherheitsver-letzungen. Zur Unterbindung unkontrollierter, während der Reviews erfolgender Depseudonymisierungen werden diese Auditdaten unmittelbar vor ihrer Abspei-cherung zunächst depseudonymisiert und unmittelbar danach *durchgängig* mit zwei Schlüsseln (oder Schlüsselhälften) verkryptet. Einer dieser Schlüssel wird von einer Vertrauensperson (z. B. einem Mitglied eines Betriebs- oder Personal-rates) verwahrt. Mit dieser Verfahrensweise werden entsprechend dem 4-Augen-Prinzip erfolgende Auswertungen unterstützt.

7.3 Verwendbare LiSA-basierte Chiffrierver-fahren

Die zu pseudonymisierenden nutzerbezogenen Daten der Kategorien 1 und 2 des AID-internen Datenformates (siehe Anhang A) liegen in Form von `long`-Werten (4 Byte) und Zeichenketten (Datentyp `string`) vor. Die zur Pseudonymisierung und Depseudonymisierung der Auditdaten erforderlichen Verschlüsselungsfunk-tionen wurden mittels der Kryptobibliothek LiSA (Library for Secure Applica-tions) bereitgestellt.

7.3.1 Anforderungen an die Kryptofunktionen

Die primäre Vorgabe für die Realisierung einer pseudonymen Audit-basierten Überwachung mit AID bestand darin, das Intrusion Detection-System in seiner bis dato bestehenden Funktionalität durch die zu integrierenden Kryptofunk-tionen nur minimal zu verändern. Davon ausgehend wurden an die zu verwen-denden Kryptofunktionen folgende Forderungen gestellt:

1. Die bei der Pseudonymisierung verwendete Verschlüsselung, hat sowohl *typ-* als auch möglichst *größenerhaltend* zu erfolgen.

2. Die der Pseudonymisierung zugrundeliegende Verschlüsselung ist *bijektiv* vorzunehmen.

Die Forderung nach typ- bzw. größenerhaltender Verschlüsselung zielt vordergründig auf den Erhalt der bestehenden Auditdatenformate sowie der darauf aufsetzenden AID-Funktionen ab. Außerdem wird damit eine möglichst geringe durch die Pseudonymisierung hervorgerufene Erhöhung des zu übertragenden und analysierenden Auditdatenaufkommens angestrebt.

Mit der geforderten Bijektivität der Verschlüsselung wird sichergestellt, daß jedes nutzeridentifizierende Datum auf genau *ein* Pseudonym abgebildet wird (und umgekehrt). Auf diese Weise ist ein aufwendiges analytisches Korrelieren unterschiedlicher Pseudonyme, die Repräsentanten identischer nutzeridentifizierender Daten sind, durch das Expertensystem nicht erforderlich.

Die Gewährleistung einer typ- und größenerhaltenden Verschlüsselung hängt maßgeblich vom verwendeten Kryptoalgorithmus ab. Die Bijektivität der Verschlüsselung muß sowohl vom Kryptoalgorithmus, von der Betriebsart des Algorithmus als auch von der Auffüllung unvollständiger Datenblöcke sichergestellt werden.

7.3.2 Die Kryptobibliothek LiSA

In der objektorientierten Bibliothek kryptographischer Verfahren sind mehrere Zufallszahlengeneratoren, Hash-Verfahren, Verschlüsselungs- sowie Signaturverfahren integriert. Ein Überblick zu LiSA findet sich in [Bie+96], eine detaillierte Beschreibung der Bibliothek in [Schwa96].

In der zur Verfügung stehenden LiSA-Version sind folgende Kryptoalgorithmen implementiert:

- auf Pseudozufallszahlengeneratoren basierende Stromchiffren,

- die Blockchiffren: DES, TripleDES, RC5, IDEA, FEAL sowie

- die asymmetrische Verfahren: RSA und ElGamal.

Die Stromchiffren und die in Abschnitt 6.4 gegenüber den asymmetrischen Verfahren favorisierten Blockchiffren weisen im Hinblick auf die in Abschnitt 7.3.1 enthaltenen Anforderungen eine unterschiedliche Eignung für die Integration in AID auf.

Stromchiffren

Ausgehend von kryptoanalytischen Gesichtspunkten ist eine Verwendung der in LiSA implementierten Stromchiffren jedoch inakzeptabel. Zur Erläuterung eine kurze Beschreibung der prinzipiellen Funktionsweise:

Die in LiSA realisierten Stromchiffren verwenden intern einen Pseudozufallszahlengenerator, der mittels einer zufälligen Zeichenfolge (Seed, quasi der Schlüssel) initialisiert wird. Sender- und empfängerseitig verwendete Pseudozufallszahlengeneratoren gleichen Typs, die mit gleichem Seed initialisiert wurden, liefern identische Byte-Folgen. Die zu verschlüsselnden Daten und die vom Pseudozufallszahlengenerator gelieferten Werte werden byteweise mittels XOR verknüpft und auf analoge Weise entschlüsselt.

Abbildung 7.10 veranschaulicht das Funktionsprinzip der Stromchiffre. Die XOR-Verknüpfung eines Klartext-Bytes p_n mit dem n-ten, vom Pseudozufallszahlengenerator generierten Wert (r_n) resultiert im verschlüsselten Byte c_n, das wiederum empfängerseitig mit r_n XOR-verknüpft werden muß, um das ursprüngliche Byte p_n zu erhalten.

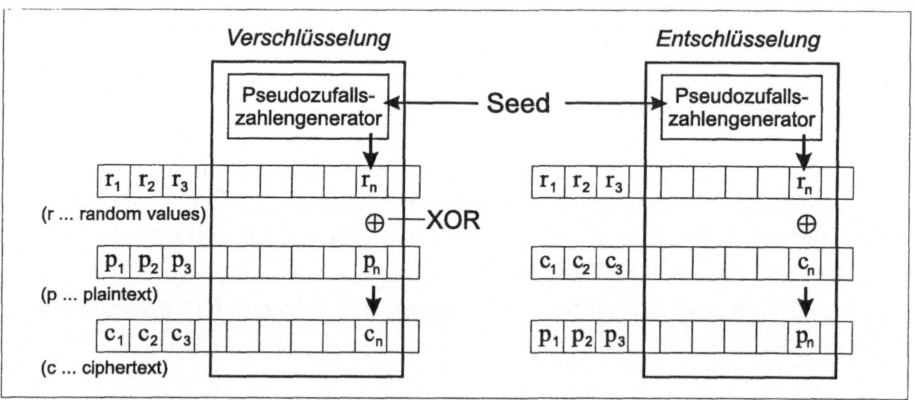

Abbildung 7.10: Funktionsweise der in LiSA integrierten Stromchiffre

Um in einer Audit-Trail enthaltene identische nutzeridentifizierende Daten bijektiv verschlüsseln zu können, müßte im Fall der Verwendung derartiger Stromchiffren sichergestellt werden, daß bei der Verschlüsselung identische Seeds den Pseudozufallszahlengeneratoren zugrundeliegen. Erreicht werden könnte das, indem die verwendeten Zufallszahlengeneratoren vor *jeder* Verschlüsselung eines nutzeridentifizierenden Datums neu initialisiert werden. Dies hat jedoch eine massive Beeinträchtigung der vernachlässigbaren kryptographischen Stärke dieses Verfahrens zur Folge, da dessen Sicherheit vollständig auf den verwendeten Pseudozufallszahlengeneratoren beruht. Detaillierte Informationen zur kryptoanalytischen Bewertung dieses Verfahrens finden sich in [Schnei96, S. 17].

Blockchiffren

Im Hinblick auf eine typ- und möglichst größenerhaltende Verschlüsselung müssen zunächst die jeweiligen Blockgrößen der zur Verfügung stehenden Blockchiffren berücksichtigt werden. Tabelle 7.1 liefert einen Überblick über Blockgrößen der in LiSA implementierten Blockchiffren. Da lediglich der Kryptoalgorithmus RC5-16 in der Lage ist, Eingabedaten in einer Blockgröße von 4 Byte zu verarbeiten, gibt es für eine sowohl typ- als auch größenerhaltende Verschlüsselung von Einträgen des Datentyps long keine Alternative.

Kryptoverfahren	Eingabeblock	Ausgabeblock
RC5-16	4 Byte	4 Byte
RC5-32	8 Byte	8 Byte
DES	8 Byte	8 Byte
Triple DES	8 Byte	8 Byte
IDEA	8 Byte	8 Byte
FEAL	8 Byte	8 Byte

Tabelle 7.1: Blockgrößen der symmetrischen Blockchiffren

Die zu verschlüsselnden nutzeridentifizierenden Zeichenketten beinhalten insbesondere Namen von (Unter-)Verzeichnissen und Ressourcen. Sowohl die maximale Größe von Dateinamen als auch von Zugriffspfaden insgesamt beträgt in Solaris 1024 Byte. Ausgehend von praktischen Gesichtspunkten werden jedoch zumeist recht kurze Namen gewählt. Zu verschlüsselnde Unterverzeichnisse, deren Größe unterhalb der erforderlichen Blockgröße liegt, werden verfahrensbedingt mit Bytes aufgefüllt (Padding). Aufgrund der individuellen Benennung von Verzeichnissen innerhalb des oben angegebenen Bereichs und des damit erforderlichen Padding ist im Gegensatz zur Typerhaltung[9] eine streng größenerhaltende Verschlüsselung bei den Zeichenketten *nicht* möglich.

---

[9]Zeichenketten werden als Byte-Folgen interpretiert und verschlüsselt. In den verschlüsselten Byte-Folgen enthaltene nicht darstellbare Zeichen werden anschließend in darstellbare konvertiert. Danach sind die resultierenden Byte-Folgen wieder als Zeichenketten interpretierbar.

Prinzipiell verwendbar für die Pseudonymisierung sind sämtliche in LiSA enthaltenen Blockchiffren. Aufgrund der (innerhalb eines Zeitintervalls) mit einem bestimmten geheimen Schlüssel erfolgenden Verschlüsselung, der Betriebsart ECB[10] (Electronic Codebook) sowie aufgrund des Auffüllens unvollständiger Datenblöcke mit identischen Byte-Folgen resultieren aus identischen nutzeridentifizierenden Daten identische Pseudonyme.

7.4 Die Implementation

Im folgenden werden wesentliche Grundzüge der Implementation des pseudonymen Audit in AID skizziert. An die Implementierung der Pseudonymisierungsfunktionen wurden folgende grundlegende Anforderungen gestellt:

- Realisierung einer möglichst *geringfügigen* Erweiterung der Monitoring-Agenten und des Expertensystems und

- Gewährleistung eines skalierbaren Umfangs der Pseudonymisierung innerhalb der AID-Auditdatensätze.

Außerdem wurden Funktionen zur Ermittlung der durch die Verschlüsselung verursachten Mehrbelastung integriert.

7.4.1 Implementation typ- und komponentenspezifischer Funktionen

Zunächst wurden Funktionen für das Ver- und Entschlüsseln grundlegender, im AID-Auditdatenformat enthaltener Datentypen (`long` und `string`), deren Record-Komponenten nutzerbezogene Daten der Kategorien 1 und 2 enthalten, implementiert. Die für die Verschlüsselung von Zeichenketten implementierten komponentenspezifischen Funktionen (`pseudo_path()`, `pseudo_env()`, siehe Abb. 7.11) sind gegenwärtig so ausgelegt, daß ausschließlich der Name des Home-Unterverzeichnisses von Nutzern pseudonymisiert wird, sofern ein solcher im Zugriffspfad enthalten ist. Sie orientieren sich an der Zeichenkette "`/home/`" und dem nachfolgenden "`/`". Da nicht ausgeschlossen werden kann, daß die von der Funktion generierten Pseudonyme ebenfalls ein oder mehrere "`/`" enthalten, stellt sie dem eigentlichen Pseudonym ein Byte voran, dessen ASCII-Wert der Länge

---

[10]Es handelt sich hierbei um die Grundbetriebsart von Blockchiffren. Die Verschlüsselung der einzelnen Datenblöcke erfolgt unabhängig voneinander [Schnei96].

der nachfolgenden verschlüsselten Zeichenkette entspricht. Dieser Wert wird von der korrespondierenden Depseudonymisierungsfunktion interpretiert [Mei97].

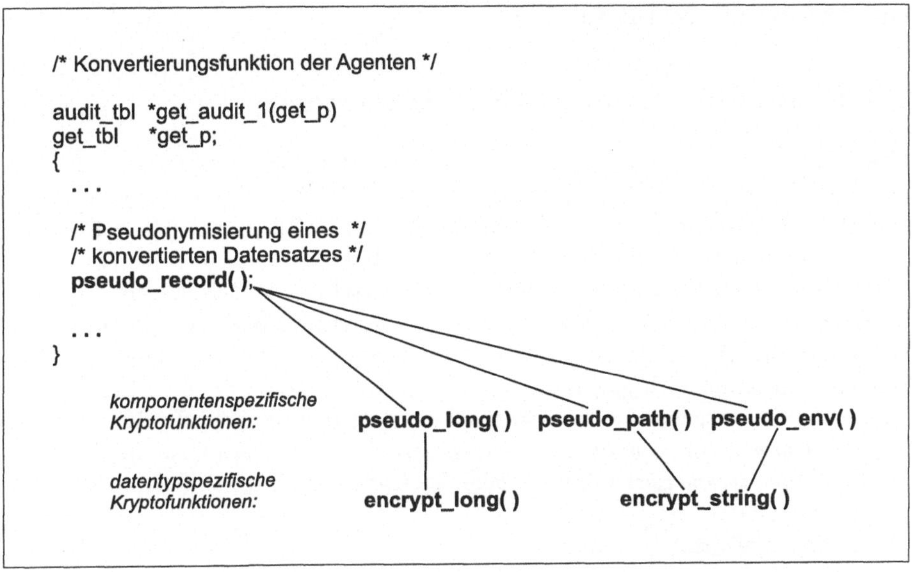

```
/* Konvertierungsfunktion der Agenten */

audit_tbl  *get_audit_1(get_p)
get_tbl    *get_p;
{
  ...

  /* Pseudonymisierung eines  */
  /* konvertierten Datensatzes */
  pseudo_record( );

  ...
}
```

komponentenspezifische Kryptofunktionen: **pseudo_long( )   pseudo_path( )   pseudo_env( )**

datentypspezifische Kryptofunktionen: **encrypt_long( )   encrypt_string( )**

Abbildung 7.11: Die funktionale Implementationsstruktur im Überblick

7.4.2 Skalierbarer Pseudonymisierungsumfang

Der Umfang der Pseudonymierung innerhalb der AID-Auditdatensätze ist (einschließlich nutzerbezogener Daten der Kategorie 3) skalierbar. Für die Tests spielte diese Möglichkeit allerdings eine untergeordnete Rolle, da generell sämtliche nutzerbezogene Einträge der Kategorien 1 und 2 verschlüsselt werden.

7.4.3 Erweiterung der Agenten

In den von den Monitoring-Agenten verwendeten Konvertierungsfunktionen wurde lediglich ein Aufruf der Funktion `pseudo_record()` integriert, mittels der ein konvertierter, im AID-internen Auditdatenformat vorliegender Record komponentenweise pseudonymisiert wird. Die Verschlüsselung der nutzeridentifizierenden Einträge erfolgt über komponentenspezifische Kryptofunktionen, denen wiederum die in Abschnitt 7.4.1 beschriebenen, datentypspezifischen Funktionen zugrundeliegen. Innerhalb der komponentenspezifischen Kryptofunktionen erfolgt u. a. eine Abtestung der internen Pseudonymisierungskonfiguration sowie eine umfangreiche Fehlerbehandlung.

7.4.4 Modifikation des Expertensystems

Das Expertensystem analysiert eingehende pseudonyme Auditdaten und initiiert unter bestimmten Bedingungen eine automatische Depseudonymisierung einzelner Records. Entsprechend dem in Abschnitt 7.2 vorgestellten Konzept depseudonymisiert das Expertensystem Auditdatensätze, wenn diese (Bestandteilen von) Angriffssignaturen gleichen. Unmittelbar danach werden die IT-Sicherheitsverletzungen beschreibenden Auditdatensätze in depseudonymisierter Form über das graphische Nutzer-Interface ausgegeben. Depseudonymisiert werden dabei ausschließlich jene nutzeridentifizierenden Daten, die über die Nutzerschnittstelle ausgegeben werden. Parallel dazu werden die betreffenden Records in jenen Dateien (in pseudonymer Form) archiviert, auf deren Grundlage die Sicherheitsreports generiert werden (siehe das nachfolgende vereinfachte Beispiel).

```
attacken_regel_mm:
  if ( ... )
  then
    ... /* aendere akt. Zustand der Attacke, aktualisiere Frames*/
    sende_an_gui("Attacke 1 vervollstaendigt durch Nutzer: ",
                 depseudo_long(audit_rec.audit_id));
    speicher_in_archiv("Attacke 1 vervollstaendigt durch Nutzer:",
                       audit_record.audit_id);
  end
```

Analog wird mit Systeman- und -abmeldungen verfahren (siehe Beispiel).

```
nutzer_regel_nn:
  if (audit_rec.event = LOGIN)
  then
    ... /* aktualisiere Frames */
    sende_an_gui("LOGIN von Nutzer: ",
                 depseudo_long(audit_rec.audit_id));
    speicher_in_archiv("LOGIN von Nutzer: ", audit_rec.audit_id);
  end
```

Kapitel 8

Bewertung des Ansatzes

Mit dem realisierten Prototyp wurde die Funktionsfähigkeit des pseudonymen Audit nachgewiesen. Die Pseudonymisierung der Auditdaten erfolgte unter Verwendung von Blockchiffren. Einen Schwerpunkt der Erprobung bildeten Untersuchungen zur verursachten Mehrbelastung Audit-basiert überwachter Rechner und Netze. Ausgehend von einer Bewertung des mit der Implementation erreichten Vertraulichkeitsschutzes der nutzeridentifizierenden Daten werden kryptographische Alternativen und deren Konsequenzen diskutiert. Anschließend werden Grenzen des mit dem pseudonymen Audit erreichbaren Datenschutzes und einige Restrisiken aufgezeigt sowie unterstützende Maßnahmen vorgeschlagen.

8.1   Die verwendeten Kryptoalgorithmen

Die Implementation des Prototyp ist so angelegt, daß unter Berücksichtigung der erforderlichen Blockgrößen prinzipiell sämtliche in LiSA verfügbaren Blockchiffren verwendet werden können. Im Rahmen der Tests wurden u. a. nutzeridentifizierende Daten des Typs long mittels dreier RC5-16-Varianten pseudonymisiert, Zeichenketten wahlweise mittels des DES bzw. RC5-32/12/16[1]. Die verwendeten Kryptoalgorithmen sind in Tabelle 8.1 aufgelistet. Beide Blockchiffren werden im folgenden kurz vorgestellt.

Den DES (Data Encryption Standard) entwickelten IBM-Mitarbeiter Mitte der 70er Jahre. Die Block- und Schlüsselgröße der Chiffre beträgt jeweils 64 Bit, wobei sich aufgrund von Paritäts-Bits lediglich 56 Bit der Schlüssel als signifikant

---

[1]Die RC5-Parameter werden wie folgt interpretiert: Wortgröße in Bit / Anzahl der Durchläufe / Schlüssellänge in Byte.

erweisen. Der Schlüsselraum weist somit eine Mächtigkeit von 2^{56} (ca. $7 * 10^{16}$) auf. Der Algorithmus basiert im wesentlichen auf einer Folge deterministischer Transpositionen (Permutationen) und schlüsselabhängigen nichtlinearen Substitutionen. Eine detaillierte Funktionsbeschreibung findet sich in [Schnei96].

Der RC5 (Rivest Cipher 5) wurde Mitte der 90er Jahre von Ronald E. Rivest für die Firma RSA Data Security Services, Inc. entwickelt. Im Gegensatz zum DES ist diese Blockchiffre hinsichtlich der Datenblockgrößen (32, 64 oder 128 Bit; entspricht jeweils der doppelten Wortgröße), der Anzahl der internen Durchläufe (maximal 255) und der verwendeten Schlüssellänge (maximal 255 Byte) parametrisierbar. Dem Algorithmus liegen XOR-Operationen, Additionen sowie Verschiebungen zugrunde. Die Laufzeit der Verschlüsselung ist weitgehend unabhängig von der Schlüssellänge. Ursache dafür ist die Verwendung einer erweiterten Schlüsseltabelle, deren Dimension vom Durchlauf-Parameter abhängt ($S = 2 * (Durchläufe + 1) * Wortgröße$). Eine detaillierte Beschreibung des Funktionsprinzips der Blockchiffre findet sich in [Riv97].

Für die verwendeten Verschlüsselungsverfahren wurden unter Zuhilfenahme des Programms `tempo` (siehe [Schwa96]) die in Tabelle 8.1 aufgeführten Durchsatzraten bei der Verschlüsselung zufällig generierter Daten ermittelt. Informatorisch im Vergleich dazu: Hardwareimplementationen des DES erreichen Durchsatzraten von bis zu 200 MByte/s (siehe [Schnei96]). Mit einem von DEC entwickelten Kryptochip-Prototyp wurde ein Spitzenwert von 1 GByte/s erzielt [Eb92]. Hardwareimplementationen des RC5 sind bislang nicht bekannt.

Kryptoalgorithmus	Datendurchsatz
RC5-16/16/16	505 KByte/s
RC5-16/20/20	424 KByte/s
RC5-16/24/24	375 KByte/s
DES	470 KByte/s
RC5-32/12/16	950 KByte/s

Tabelle 8.1: Durchsatzraten der eingesetzten Kryptoalgorithmen

Diese Messungen wurden (ebenso wie die Testreihen zur Ermittlung der durch die Pseudonymisierung verursachten Mehrbelastung) auf einem unter SunOS 5.4 (Solaris 2.4) laufenden Sun SPARCserver 4/110 durchgeführt. Die Arbeitsstation verfügte über 64 MByte Hauptspeicher und eine Swap-Partition von 140 MByte.

8.2 Die verursachte Mehrbelastung

Die durch die Pseudonymisierung in den Agenten sowie durch die (de)pseudonymisierungsspezifischen Operationen des Expertensystems verursachte Mehrbelastung äußert sich einerseits in einem erhöhten Verbrauch an Prozessorzeit und andererseits in einer verschlüsselungsbedingten Vergrößerung der zu verarbeitenden und übertragenden Auditdatenmenge. Ursachen für das Datenmehraufkommen sind die den verschlüsselten Zeichenketten beigefügten Längenangaben und die Padding-Bytes unvollständiger Datenblöcke.

8.2.1 Mehrbelastung der überwachten Zielsysteme

Im Rahmen der Tests wurden Records aus *unterschiedlichen*, mehrere MByte großen Auditdateien verarbeitet. Die den Meßergebnissen zugrundeliegenden Datensätze wurden von Solaris-Auditfunktionen generiert, deren Konfiguration sehr detaillierte Aufzeichnungen sicherheitsrelevanter Aktionen gewährleistete (vgl. Abschnitt 7.1.3). Die Zusammensetzung der Auditdaten ist *aktionssensitiv*, was sich u. a. in der Häufigkeit jener Records wiederspiegelt, die (zu verschlüsselnde) nutzeridentifizierende Zeichenketten enthalten[2]. Die Ermittlung der mit der Pseudonymisierung verbundenen, zusätzlichen Inanspruchnahme effektiver CPU-Zeit der überwachten Rechner erfolgte unter Zuhilfenahme der Systemfunktion `getrusage()`. Die durch die Funktionsaufrufe sowie die Berechnung der zeitlichen Differenz hervorgerufene und in den Meßwerten mit enthaltene CPU-Inanspruchnahme ist dabei vernachlässigbar.

Die in den Tabellen 8.2 und 8.3 aufgelisteten exemplarischen Meßergebnisse sind Durchschnittswerte für jeweils 1000 Records. Den dokumentierten Messungen wurden Auditdaten zweier unterschiedlicher Auditdateien zugrundegelegt. Pseudonymisiert wurden nutzeridentifizierende Daten der Kategorien 1 und 2 sowie Rechnernamen (Kategorie 3).

Die Messungen mit Vorverarbeitung und Pseudonymisierung weisen eine um ca. zweieinhalb- bis vierfach höhere effektive CPU-Zeit gegenüber den Testläufen ohne Pseudonymisierung (siehe Messungen mit laufender Nummer 1) auf. Bei der Beurteilung dieser auf den ersten Blick relativ hoch erscheinenden Werte ist zu berücksichtigen, daß die verwendete (objektorientierte) Kryptobibliothek im Rahmen einer Diplomarbeit entstand und somit nur bedingt mit effizient (z. B.

---

[2]Derartige Audit-Records dokumentieren Zugriffe auf nutzereigene oder anderen regulären Nutzern gehörendende Ressourcen sowie Programmstarts (aufgrund der damit verbundenen Protokollierung der Systemumgebungsvariablen).

in Assembler) implementierten Kryptoalgorithmen verglichen werden kann. Der
im Sicherheits-Toolkit SECUDE [Fa$^+$97] integrierte DES weist bspw. eine in etwa dreifach so hohe Datendurchsatzrate auf wie der in LiSA enthaltene. Beim
Einsatz von Kryptochips (vgl. Abschnitt 8.1) sollte die zu erwartende CPU-
Mehrbelastung nochmals merklich geringer ausfallen, als dies beim Einsatz kommerzieller softwarebasierter Kryptosysteme der Fall ist.

Messung	verwendete Kryptoverfahren	eff. CPU-Zeit in Sek.	%	Datenmehrauf-kommen in Byte	%
1	keine	0,1911	100	0	100,00
2	RC5-16/16/16 (für long), DES (für string)	0,6928	362	1612	+ 1,57
3	RC5-16/16/16, RC5-32/12/16	0,6885	362	- " -	- " -
4	RC5-16/20/20, DES	0,7012	367	- " -	- " -
5	RC5-16/20/20, RC5-32/12/16	0,6957	364	- " -	- " -
6	RC5-16/24/24, DES	0,7118	372	- " -	- " -
7	RC5-16/24/24, RC5-32/12/16	0,7023	367	- " -	- " -

Tabelle 8.2: Auditdaten-Vorverarbeitung ohne und mit Pseudonymisierung I

Die durch die Pseudonymisierung verursachte Mehrbelastung wirkt sich insbesondere auf die erreichbaren zeitlichen Intervalle aus, innerhalb derer neu generierte
Auditdaten analysiert werden können. Abgesehen von der höheren Inanspruchnahme effektiver CPU-Zeit könnten sich nachteilige Auswirkungen lediglich im
Fall von Echtzeit-Überwachung mit sehr knapp bemessenen zeitlichen Vorgaben
ergeben. Sofern die Agenten in größeren Zeitabständen vom Manager abgefragt
werden, neu generierte Auditdaten bereits vorverarbeitet und in pseudonymisier-
ter Form zwischengespeichert bereitliegen, oder bei offline erfolgenden Auswertungen (z. B. Batch-Betrieb) spielt das *keine* entscheidende Rolle.

Aufgrund der zentralistischen Auslegung von AID und der damit verbundenen
Übertragung sämtlicher, auf den überwachten Rechnern anfallenden (und daten-
reduzierend vorverarbeiteten) Auditdaten ist außerdem die durch die Pseudonymisierung verursachte Vergrößerung der Daten zu berücksichtigen. Mittels dieser

Messung	verwendete Kryptoverfahren	eff. CPU-Zeit in Sek.	%	Datenmehraufkommen in Byte	%
1	keine	0,1647	100	0	100,00
2	RC5-16/16/16, DES	0,8151	495	7539	+ 4,92
3	RC5-16/16/16, RC5-32/12/16	0,7952	483	- " -	- " -
4	RC5-16/20/20, DES	0,8155	495	- " -	- " -
5	RC5-16/20/20, RC5-32/12/16	0,8055	489	- " -	- " -
6	RC5-16/24/24, DES	0,8232	500	- " -	- " -
7	RC5-16/24/24, RC5-32/12/16	0,8114	493	- " -	- " -

Tabelle 8.3: Auditdaten-Vorverarbeitung ohne und mit Pseudonymisierung II

Daten können Abschätzungen hinsichtlich der zu erwartenden Mehrbelastung der Netzübertragungskapazität erfolgen.

Die mit der Blockchiffrierung einhergehende Vergrößerung der pseudonymisierten Audit-Records gegenüber den vorverarbeiteten, im AID-internen Datenformat vorliegenden Auditdatensätzen erwies sich mit 1,57% bzw. 4,92% als gering und ist somit weitgehend vernachlässigbar.

8.2.2 Mehrbelastung der Überwachungsstation

Die durch die Depseudonymisierung verursachte Mehrbelastung der zentralen Überwachungsstation hängt vorrangig von folgenden Faktoren ab:

1. dem Umfang IT-sicherheitskritischer Auditdatensätze innerhalb der zu analysierenden Auditdatenmenge und

2. der Komplexität der Wissensbasis.

Der Umfang IT-sicherheitskritischer Auditdatensätze an sich ist nicht vorhersehbar. Im normalen Betrieb sollte er einen Bruchteil der generierten Auditdaten ausmachen. Wenn jedoch im Ruhezustand befindliche überwachte Rechner einer Vielzahl massiver, automatischer IT-Attacken ausgesetzt sind, könnten IT-sicherheitskritische Audit-Records wiederum einen Großteil des Auditdatenaufkommens innerhalb des betrachteten Zeitraums ausmachen.

Exemplarische Ermittlungen der durch Depseudonymisierungen verursachten Mehrbelastungen eines zentralen Überwachungsrechners erfordern leistungsstarke, weitgehend stabile Wissensbasen, z. B. ein Solaris-spezifisches Regelwerk eines kommerziellen Intrusion Detection-Systems, mittels dem ca. 95% aller zum aktuellen Zeitpunkt bekannten IT-Angriffe erkannt werden können. Aufgrund dessen, daß die Wissensbasis des AID-Forschungsprototypen einer kontinuierlichen Weiterentwicklung unterliegt, stellt sie keine stabile Referenzgröße dar.

Davon ausgehend wurde von einer konkreten Quantifizierung der mit den Depseudonymisierungen verbundenen, vermutlich geringen Mehrbelastung der zentralen Überwachungsstation im Rahmen der Tests abgesehen. Neben der geringen Menge der über das graphische Administrator-Interface in depseudonymisierter Form auszugebenden allgemeinen überwachungsrelevanten Daten (z. B. logins) sind lediglich die mit der Archivierung der zentralen Audit-Trail einhergehenden (De-)Pseudonymisierungsoperationen zu berücksichtigen. Diese können mittels niedrig priorisierter Hintergrundprozesse erfolgen.

8.3   Vertraulichkeitsschutz der Implementation

Maßgeblichen Einfluß auf den Schutz der Vertraulichkeit der in den Auditdatensätzen enthaltenen nutzeridentifizierenden Daten haben, ausgehend von einem hohen Pseudonymisierungsumfang (siehe Abschnitt 6.3), den Wertebereichen dieser Daten, vertrauenswürdigen (De-)Pseudonymisierungsfunktionen sowie einem sicheren Schlüsselmanagement:

- die Stärke der eingesetzten Kryptosysteme DES und RC5,

- der gewählte Chiffriermodus sowie

- die zugrundeliegenden Blockgrößen.

Die letztgenannten Kriterien werden im folgenden unter Berücksichtigung der für die Realisierung des pseudonymen Audit in AID bestehenden Restriktion der typ- und (möglichst) größenerhaltenden, bijektiven Verschlüsselung bewertet.

8.3.1 Resistenz des DES

Der DES erfüllt das für die Bewertung von Kryptoalgorithmen essentielle strikte Avalanche-Kriterium in hohem Maße. Dieses Kriterium fordert, daß sich Chiffriertexte im Idealfall mit der Wahrscheinlichkeit von 0,5 ändern, wenn ein Bit des Klartextes oder des Schlüssels geändert wurde.

Aufgrund der Bedeutung, die das Kryptoverfahren in den vergangenen Jahren im kommerziellen Bereich innehatte und zum Teil noch hat, war der DES Gegenstand intensiver kryptoanalytischer Untersuchungen. Hierbei zeigte der Algorithmus eine recht hohe Resistenz, u. a. gegenüber der differentiellen und linearen Kryptoanalyse. Bei der differentiellen Kryptoanalyse werden gezielt Paare von Chiffretexten, die bestimmte Differenzen aufweisen, hinsichtlich der Entwicklung dieser Differenzen in den einzelnen Durchläufen untersucht. ("Differenzen" sind beim DES über XOR definiert.) Die lineare Kryptoanalyse verwendet lineare Approximationen zur Beschreibung der Funktion einer Blockchiffre. Detaillierte Informationen hierzu finden sich in [Schnei96].

Am 28.01.1997 initiierte die Firma RSA eine *Secret Key Challenge* zum Brechen einer mittels DES verschlüsselten Nachricht sowie mehrerer mittels RC5-32/12/[5, 6 ... 16] verschlüsselter Nachrichten. Dieses Vorhaben diente einerseits der Untersuchung des Potentials massiver Internet-weit realisierter Brute Force-Attacken (systematisches Ausprobieren aller möglichen Schlüssel) sowie andererseits der Veranschaulichung der *relativen Stärke* der untersuchten Kryptoalgorithmen. An der DES-Herausforderung beteiligten sich Nutzer mit schätzungsweise bis zu 70.000 Rechnern, die durchschnittlich 7 Milliarden Schlüssel pro Sekunde testeten. Der korrekte Schlüssel wurde innerhalb von 140 Tagen, nachdem 24,6% des Schlüsselraumes ($7, 2 * 10^{16}$) durchsucht worden waren, gefunden (siehe u. a. http://www.rsa.com/des). Allein während der letzten 24 Stunden des Wettbewerbs wurden 559 Billionen Schlüssel probiert. Mit dieser Testrate wäre es möglich gewesen, den Schlüssel bereits binnen 32 Tagen zu ermitteln.

Dieser Wettbewerb verdeutlichte, daß Kryptoverfahren mit relativ kurzen Schlüssellängen gezielten Angriffen nicht standhalten können, auch wenn keine Hochleistungsrechner von Geheimdiensten[3] und Großindustrie zur Verfügung stehen. Abgesehen davon sollte man nicht außer Acht lassen, daß die Codebrecher lediglich *eine einzelne* Nachricht entschlüsselten.

Obgleich man sich bereits 1993 am National Institute for Standards and Technology der Tatsache bewußt war, daß der DES Ende der 90er Jahre aufgrund seiner

---

[3]Gerüchten zufolge soll die NSA in der Lage sein, in Abhängigkeit von unterstützenden Arbeiten, den DES binnen **3 bis 15 min** (Stand 1996) zu brechen [Schnei96].

geringen Schlüsselgröße nicht mehr Anforderungen an leistungsstarke Blockchiffren entspricht, wurde der Algorithmus in Ermangelung von Alternativen abermals für weitere fünf Jahre bis Dezember 1998 zertifiziert [NIST93]. Vorabinformationen zufolge wird es keine erneute Zertifizierung des DES geben.

8.3.2   Resistenz des RC5

Kernelement der kryptographischen Stärke des RC5 ist, neben der Parametrisierung mit im Vergleich zu anderen Kryptoverfahren recht großen Wertebereichen, die Ausnutzung eingabedatenabhängiger und somit nicht vorherbestimmbarer interner "Rotationen" [Riv97]. Kaliski und Yin analysierten die Resistenz dieser Blockchiffre sowohl gegen differentielle als auch lineare Kryptoanalyse [KaYi95]. Für die Standardblockgröße von 8 Byte richteten sich deren differentielle Angriffe gegen RC5-Varianten mit 12 Durchläufen. Ihre lineare Kryptoanalyse erwies sich lediglich gegen RC5-Varianten mit weniger als 6 Durchläufen anwendbar.

Ausgehend von den bisherigen, u. a. auch von der Firma RSA durchgeführten kryptoanalytischen Untersuchungen empfiehlt Rivest *derzeit* mindestens 12, besser 16 Durchläufe als nominale Parameter [Riv97]. Ein Vergleich der in Tabelle 8.4 enthaltenen, bisherigen Ergebnissen der Secret Key Challenge hinsichtlich des Brechens von RC5-Varianten mit kleinen Schlüssellängen verdeutlicht, daß die bei den Tests verwendete RC5-32-Parametrisierung einen sehr hohen Schutz gegenüber Brute Force-Attacken bietet.

Algorithmus	Schlüssel	Schlüsselraum	Zeitaufwand	Ressourcen
RC5-32/12/5	40 Bit	$1,1 * 10^{12}$	3,5 h	250 Rechner
RC5-32/12/6	48 Bit	$2,8 * 10^{14}$	ca. 13 Tage	3.520 Rechner
RC5-32/12/7	56 Bit	$7,2 * 10^{16}$	ca. 210 Tage	350.000 Rechner
RC5-32/12/8	64 Bit	$1,8 * 10^{19}$	(> 100 Jahre)	...

Tabelle 8.4: Ergebnisse von Brute Force-Attacken auf den RC5

Aufgrund der großen Wertebereiche sowohl für die Anzahl der Durchläufe als auch für die Größe der verwendbaren Schlüssel verfügt der flexibel einsetzbare RC5 über ein beträchtliches Potential für die kommenden Jahre, wenn nicht gar Jahrzehnte.

8.3.3 Der verwendete Chiffriermodus

Ausgehend von der Vorgabe zur Gewährleistung einer bijektiven Pseudonymisierung mußte zwangsläufig auf die Betriebsart ECB (Electronic Codebook), die Grundbetriebsart von Blockchiffren, zurückgegriffen werden. Aufgrund seiner Einfachheit wird diese Betriebsart bislang am häufigsten in kommerzieller Software benutzt, obwohl sich dieser Modus am anfälligsten gegenüber Angriffen erweist [Frie+93]. Im ANSI-Standard X3.106 wird bspw. der ECB neben dem CBC (Cipher Block Chaining)-Modus für die Verschlüsselung bei finanziellen Transaktionen vorgeschrieben. Der Umstand, daß identische Klartextblöcke (bei gleichem geheimen Schlüssel) identische Chiffriertextblöcke liefern, geht mit einigen Vor- und Nachteilen einher.

Aufgrund dessen, daß die Verschlüsselung der einzelnen Klartextblöcke unabhängig voneinander erfolgen kann, ist eine parallelisiert ablaufende Pseudonymisierung möglich. Gegenüber Verarbeitungs- oder Übertragungsfehlern erweist sich der Chiffriermodus als robust, da im Gegensatz zu anderen Chiffriermodi wegen des Verzichts auf blockübergreifende Rückkopplungen *blockinterne* Fehler keine Auswirkungen auf andere Blöcke haben. Der Verlust oder das Einfügen einzelner Bits verursacht für den betroffenen und die nachfolgenden Datenblöcke fehlerhafte Entschlüsselungen, sofern es keine Rahmenstruktur zur Ausrichtung der Blockgrenzen gibt [Schnei96].

Problematisch bei der Verwendung des ECB-Modus ist, daß ein Angreifer hypothetisch – sofern er in den Besitz zusammengehöriger Klar- und Chiffriertexte kommt[4] – mit korrespondierenden Klartext-/Chiffriertextblöcken ein Codebuch erstellen und darauf aufbauend (in Unkenntnis des aktuellen Schlüssels) eine Analyse versuchen kann. Dies ist jedoch nur dann praktikabel, sofern die Dimension des Urbild- und Bildraumes die Erstellung eines solchen Codebuchs zuläßt. Außerdem ist zu berücksichtigen, daß ein Codebuch immer nur Verschlüsselungen mittels *eines bestimmten* Schlüssels dokumentiert.

Ein weiteres Problem des ECB-Modus ist seine Anfälligkeit gegenüber Angriffen, mittels denen einzelne Datenpakete entfernt, abgefangen und zu einem späteren Zeitpunkt ggf. mehrfach wieder eingespielt werden (Reply-Attacken). Die Lösung dieses Problems erfordert integritätssichernde Maßnahmen (z. B. fälschungssichere Prüfwerte, siehe [Frie+93]).

---

[4]Dies setzt allerdings eine erfolgreiche Penetration voraus.

8.3.4   Die zugrundeliegenden Blockgrößen

Der Verschlüsselung nutzeridentifizierender Daten des Typs long wurden Datenblöcke von 4 Byte zugrundegelegt. Diese Datenblöcke weisen einen effektiven Urbild- und Bildraum von 2^{32} (4.294.967.296) auf, der von Kryptotheoretikern im Hinblick auf Brute Force-Attacken und unter Berücksichtigung des derzeitigen und perspektivischen Potentials informationstechnischer Systeme als *zu klein* angesehen wird [Pfi97b].

Die bei der Verschlüsselung von Zeichenketten verwendete Blockgröße von 8 Byte verfügt über einen wesentlich größeren, akzeptableren Urbild- bzw. Bildraum von 2^{64} (18.446.744.073.709.551.616).

8.3.5   Der erreichte Vertraulichkeitsschutz

Bei den für die Tests ausgewählten DES und RC5 handelt es sich um leistungsfähige Blockchiffren, deren zugrundeliegende Algorithmen veröffentlicht und somit Fachleuten in aller Welt zugänglich sind. Trotz zahlreicher kryptoanalytischer Untersuchungen während der vergangenen Jahre konnten, abgesehen von der effektiven Schlüssellänge, keine generellen Schwachstellen des DES offengelegt werden.

Gewisse Unsicherheiten bestehen lediglich hinsichtlich der Entwurfskriterien für die internen Substitutions-Boxen des Algorithmus' [De84]. Der erst Mitte der 90er Jahre von Ronald E. Rivest entwickelte RC5 wurde seitens der Firma RSA intensiven Tests unterzogen (siehe [Schnei96]) und wird im Rahmen der Secret Key Challenge massiven Brute Force-Attacken ausgesetzt.

Für den im Normalfall zu erwartenden durchschnittlichen Grad der Sensitivität von Auditdaten sollten sich beide Blockchiffren hinsichtlich ihrer Widerstandsfähigkeit gegenüber Angriffen als ausreichend erweisen. Aufgrund des beträchtlichen Potentials des RC5(-32) ist dieser vermutlich auch für einen Einsatz in sensitiven Bereichen akzeptabel.

Hinsichtlich der kryptographischen Standardmodi, einschließlich des ECB, geht Schneier davon aus, daß diese die Sicherheit eines Kryptosystems "wahrscheinlich" nicht vermindern [Schnei96, S. 248]. Inwiefern sich die im Zusammenhang mit einer Blockgröße von 4 Byte mögliche Erstellung von Codebüchern als ernstzunehmende sicherheitskritische Bedrohung erweist, muß letztlich im konkreten Einzelfall, insbesondere unter Berücksichtigung der Sensitivität der Auditdaten, entschieden werden.

8.4 Einige kryptographische Alternativen

Für das in AID realisierte pseudonyme Audit bestehen Alternativen zur
Erhöhung des mittels Verschlüsselung realisierten Vertraulichkeitsschutzes der in
den Auditdatensätzen befindlichen nutzeridentifizierenden Daten. Einige dieser
Möglichkeiten werden vorgestellt und hinsichtlich ihres Potentials diskutiert. Im
einzelnen handelt es sich dabei um vergrößerte Kryptoblöcke für long-Einträge,
injektive Verschlüsselung, eine umfassendere Verschlüsselung von Pfaden und um
datensensitives Padding.

8.4.1 Vergrößerung der Blockgrößen für long-Einträge

Eine grundlegende Erhöhung des Vertraulichkeitsschutzes ist für AID mittels
durchgängiger 8 Byte-Blockchiffrierung erreichbar. Auf diese Weise würde sich
das Problem des kleinen (Ur-)Bildraumes der verwendeten 4 Byte-Blöcke erübri-
gen.

Nachteilig ist hierbei das resultierende Datenmehraufkommen von 4 Padding-
Bytes pro nutzeridentifizierendem long-Datum. Ausgehend von einer durchschnittlichen Datensatzgröße von 110 Byte würden die für das Auffüllen der
im AID-Auditdatenformat enthaltenen long-Einträge benötigten (44) Bytes ein
Mehraufkommen von ca. 40% mit sich bringen, was sich wiederum in einer entsprechend erhöhten Speicher- und Netzbelastung niederschlagen würde.

8.4.2 Injektive Verschlüsselung

Mit einer Abkehr von der bijektiven Verschlüsselung und Durchführung injekti-
ver Verschlüsselung besteht eine weitere Möglichkeit zur Erhöhung des Vertraulichkeitsschutzes. Mit dieser Art der Verschlüsselung wird angestrebt, daß ein
nutzeridentifizierendes Datum durch unterschiedliche Pseudonyme repräsentiert
wird, was sich insbesondere für jene Einträge als sinnvoll erweisen könnte, denen
kleine Wertebereiche zugrundeliegen.

Injektive Verschlüsselung erfordert jedoch eine aufwendigere Auditanalyse. Einfache direkte Vergleiche von Record-Einträgen sind dann nicht mehr möglich. Um
die Zurechenbarkeit sicherheitsgefährdender Aktionen gewährleisten zu können,
müßte so verschlüsselt werden, daß die Auswertungseinheit sämtliche Pseudonyme eines bestimmten Urbilds (nutzeridentifizierendes Datum) als solche erkennt.

8.4.3   Extensivere Verschlüsselung von Pfaden

Im Rahmen der mit AID durchgeführten Tests erfolgte eine recht umfangreiche Pseudonymisierung der Auditdaten. Innerhalb der Zugriffspfade wurden bislang ausschließlich die Bezeichner der Home–Unterverzeichnisse realer Nutzer verschlüsselt. Unter Berücksichtigung analytisch verwertbarer pseudonymer Datenrepräsentationen scheint darüber hinausgehend auch eine umfassendere Verschlüsselung der Zugriffspfade sinnvoll.

So könnten bspw. diese Bezeichner auch gemeinsam mit allen nachfolgenden Unterverzeichnisnamen (nutzeridentifizierende Daten der Kategorie 3) verschlüsselt werden. Auf diese Weise erfolgt aufgrund des Wegfalls der Informationen zur Unterverzeichnistiefe eine Merkmalsvergröberung.

Ergänzend könnten gegebenenfalls auch der Ressourcen-Name separat verschlüsselt werden. Aufgrund dessen, daß die voranstehenden Pfadangaben /home/ bzw. /export/home/ unverschlüsselt bleiben, kann auf diese ggf. kontextrelevanten Daten bei der Erstellung von Signaturen (z. B. zur Erkennung von Zugriffen auf fremde Nutzerdatenbereiche) zurückgegriffen werden.

8.4.4   Datensensitives Padding

Die mit der Prototypimplementation realisierte bijektive Verschlüsselung wird mit dem Chiffriermodus ECB und eineindeutigen Padding-Byte-Folgen sichergestellt. Das Padding erfolgte bislang mittels Zeichenfolgen eines Zufallszahlengenerators, der vor *jedem* Auffüllen eines Datenblocks mit ein und demselben Seed initialisiert wurde und somit von Beginn an identische Zufalls-Bytes lieferte.

Diese Variante ist zwar vermutlich besser als generell nur Nullen, Einsen oder alternierende Bit-Folgen zu verwenden, kann aber noch dahingehend verbessert werden, daß *inhaltssensitiv* für jeden einzelnen unvollständigen Record-Eintrag Padding-Byte-Folgen generiert werden. Die Bijektivität der Verschlüsselung bliebe damit gewahrt.

Für pseudonymisierte Daten mit relativ kleinen Wertebereichen, die zudem heuristisch eingegrenzt werden können, könnte diese Form des Padding einen graduell höheren Vertraulichkeitsschutz bewirken.

8.5 Grenzen, Restrisiken und flankierende Maßnahmen

Ein 100%ig sicheres datenschutzorientiertes pseudonymes Audit ist letztlich nicht erreichbar. Ausgehend von Schwachpunkten von Kryptosystemen werden im folgenden Grenzen des mit dem pseudonymen Audit erreichbaren Datenschutzes aufgezeigt und auf bestehende Problembereiche hingewiesen. Wesentlich ist in diesem Zusammenhang, inwiefern sichergestellt werden kann, daß tatsächlich *ausschließlich* in berechtigten Verdachtsfällen Depseudonymisierungen erfolgen.

8.5.1 Schwachpunkte von Kryptosystemen

In Abschnitt 3 wurden einige Probleme des Schutzes von Auditfunktionen und -daten erörtert. Analoges gilt auch für den Einsatz von Kryptofunktionen. Um verläßliche Pseudonymisierungen und Depseudonymisierungen vornehmen zu können, sind vertrauenswürdige Kryptofunktionen sowie ein besonders hoher Schutz der verwendeten Schlüssel fundamental. Letzteres ist primär ein Problem der Authentifikation und der Zugriffskontrolle. Unterstützend wirken hierbei Funktionen zur (bspw. Prüfsummen-basierten) Integritätssicherung und zur Unterbindung der Wiederaufbereitung (logisch) gelöschter Daten. Abbildung 8.1 veranschaulicht das Zusammenwirken der grundlegenden Sicherheitsfunktionen in Betriebssystemen. Die in der Subschicht 2a befindlichen Sicherheitsfunktionen sind entsprechend ihrer übergeordneten schutzwürdigen Belange Integrität, Vertraulichkeit und Verfügbarkeit geordnet.

Erfahrungen der NSA besagen, daß die meisten Sicherheitsmängel nicht von den Algorithmen und Protokollen verursacht werden, sondern in den *Implementationen* zu finden sind. Morris zufolge spielte die Qualität der Kryptographie (Algorithmen, Schlüssellänge) bei den ihm bekannten Beispielen überhaupt keine Rolle, da die betreffenden Kryptosysteme durch erfolgreiche Angriffe einfach umgangen wurden [Mor93]. Um derartige Angriffe erkennen und die zugrundeliegenden Schwachstellen lokalisieren zu können, bedarf es letztlich wiederum der Sicherheitsfunktion Audit.

8.5.2 Pseudonymes Audit in kleineren Netzen

Pseudonymes Audit stößt insbesondere bei der Überwachung kleinerer Netze an Grenzen. Dies ist insbesondere dann der Fall, wenn sich die in den Auditdatensätzen enthaltenen, nicht pseudonymisierten Daten für das Inerfahrungbrin-

Abbildung 8.1: Staffelung von Sicherheitsfunktionen in Betriebssystemen

gen der realen Identitäten einer überschaubaren Anzahl von Nutzern als ausreichend erweisen (vgl. Informationsgehalt von Zeitangaben, Aktionen, Zugriffsrechten und Rechnernamen in Abschnitt 6.2.5). Aufgrund der in diesem Fall geringen Anzahl unterschiedlicher Nutzeridentifikatoren sollte die Pseudonymisierung nicht nur sehr umfangreich sein, sondern zudem injektiv erfolgen.

8.5.3 Qualität und Sensitivität der Wissensbasen

Ein weiteres, für pseudonymes Audit relevantes Problem besteht in den durch analytische Fehlalarme verursachten Depseudonymisierungen von Audit-Records. Ausschlaggebend dafür ist einerseits die Qualität der in den eingesetzten Auswertungseinheiten enthaltenen Wissensbasen. Je detaillierter (im Sinne von "zuverlässiger") Angriffssignaturen modelliert und implementiert werden, desto weniger Fehlalarme sollten damit ausgelöst werden.

Andererseits bestehen Abhängigkeiten zwischen der Sensitivität von Wissensbasen (Umfang der erkennbaren IT-Angriffe im Verhältnis zu sämtlichen, zum aktuellen Zeitpunkt bekannten IT-Angriffen für eine bestimmte Systemumgebung) und dem Grad der verursachten Fehlalarme (siehe Abb. 8.2). Die in der Abbildung verwendeten Werte stützen sich auf [LieVa92] entnommene Angaben. Die Kompensation dieses Problems muß letztlich auf der Grundlage eines Kompromisses zwischen beiden Parametern erfolgen.

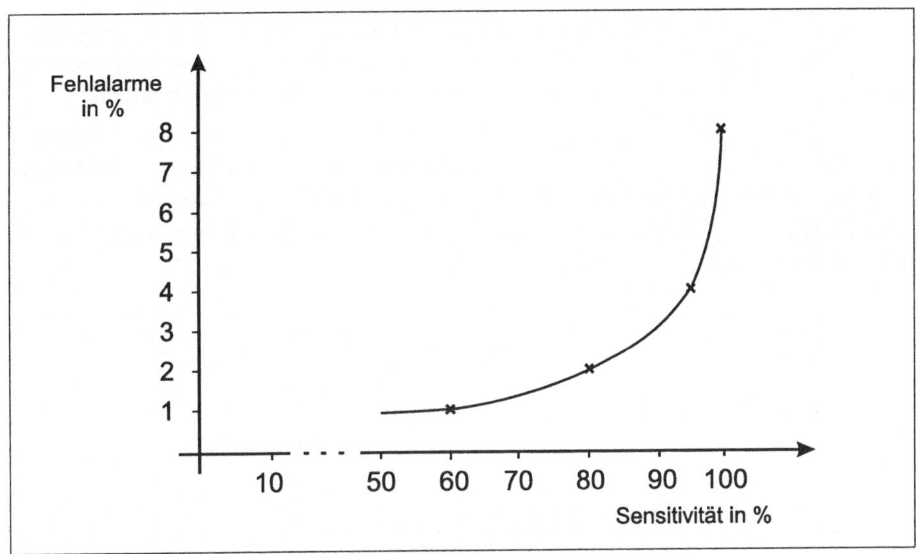

Abbildung 8.2: Fehlalarmrate eines statistischen Anomalie-Detektors

8.5.4 Verwendung vertrauenswürdiger Wissensbasen

Um mißbräuchliche Auswertung von Auditdaten mittels Intrusion Detection-Systemen weitgehend ausschließen zu können, muß sichergestellt werden, daß Wissensbasen Verwendung finden, die ausschließlich dem Aufspüren von IT-Sicherheitsverletzungen dienen. Problematisch ist in diesem Zusammenhang die Rolle der mit entsprechenden Zugriffsrechten zur Modifikation (Aktualisierung, Tuning) der Wissensbasis ausgestatteten Administratoren. Zur Minimierung von Risiken hinsichtlich datenschutzwidriger Modifikationen bietet sich der Einsatz fertiger Standardsignaturpakete an, die zwar parametrisiert, jedoch aufgrund verschlüsselter Abspeicherung hinsichtlich ihres Regelwerks nicht verändert werden können.

Eine gesonderte Bewertung erfordern Möglichkeiten zur Einbringung selbstdefinierter Regeln. Intrusion Detection-Systeme sind damit für Angreifer schwerer berechenbar. Um sicherzustellen, daß hierbei keine regulären IT-Sicherheitsbelangen zuwiderlaufende Auswertungen vorgenommen werden, besteht für zuständige Mitglieder von Betriebs- oder Personalräten zumindest die Möglichkeit, stichprobenartige Überprüfungen der in den Wissensbasen enthaltenen Regelwerke vorzunehmen. Voraussetzung dafür ist allerdings fachliche Kompetenz. Der Idealfall für einen Betriebs- oder Personalrat wäre, wenn einer seiner Mitglieder als Administrator in diesem sensitiven Bereich arbeiten würde.

Auf jeden Fall sollte explizit geregelt werden, daß es den betreffenden Administratoren untersagt ist, Intrusion Detection-Systeme zu Zwecken der Leistungs- oder mißbräuchlicher Verhaltensüberwachung einzusetzen. Wiederholte vorsätzliche Zuwiderhandlungen müssen massive arbeitsrechtliche Konsequenzen nach sich ziehen.

Kapitel 9

Pseudonymes Audit in den Common Criteria

IT-Sicherheitskriterien dienen als Grundlage für herstellerneutrale Bewertungen und Zertifizierungen von IT-Systemen. Aufgrund ihres Einflusses auf die Gestaltung künftiger IT-Systeme haben die in den IT-Sicherheitskriterien enthaltenen Anforderungen an Sicherheitsfunktionen einen hohen Stellenwert. Dies gilt in besonderem Maße für die Common Criteria (CC), denn die ISO verabschiedet 1999 einen auf diesem Kriterienwerk basierenden internationalen Standard. Außerdem handelt es sich bei den CC um die ersten IT-Sicherheitskriterien, die explizit Vorgaben zu datenschutzspezifischer Sicherheitsfunktionalität enthalten.

Ausgehend von einem Überblick über die internationale Harmonisierung im Bereich der Sicherheitsevaluation wird die Entwicklung der CC skizziert. Anschließend folgen eine Einführung in die Struktur der in Teil 2 des Kriterienwerks enthaltenen funktionalen Vorgaben, eine Bestandsaufnahme der für pseudonymes Audit relevanten Funktionsbereiche der CC 2.0 sowie eine Bewertung der damit bestehenden Möglichkeiten zur funktionalen Beschreibung eines in pseudonymer Form erfolgenden Audit.

9.1 Harmonisierung der IT-Sicherheitskriterien

Die CC - in der offiziellen deutschen Übersetzung die "Gemeinsamen Kriterien für die Prüfung und Bewertung der Sicherheit von Informationstechnik" - sind das Ergebnis umfangreicher, in Nordamerika und Europa getätigter Entwicklungen im Bereich der Sicherheitsevaluierung und -zertifizierung. Erster Meilenstein waren die vom US Department of Defense initiierten, vorrangig an militärischen

Erfordernissen orientierten, nationalen IT-Sicherheitskriterien TCSEC (Trusted Computer Security Evaluation Criteria, das Orange Book) [DoD85].

Aufgrund der protektionistisch ausgerichteten Zertifizierungspolitik der US-Amerikaner sowie konzeptioneller und inhaltlicher Schwächen der TCSEC [Ra97], entwickelte man zunächst in Frankreich, Großbritannien und in der Bundesrepublik Deutschland Ende der 80er Jahre eigene nationale Sicherheitskriterien. Diese wurden Anfang der 90er Jahre zu den harmonisierten europäischen ITSEC (Information Technology Security Evaluation Criteria) [CEC91] weiterentwickelt (siehe Abb. 9.1).

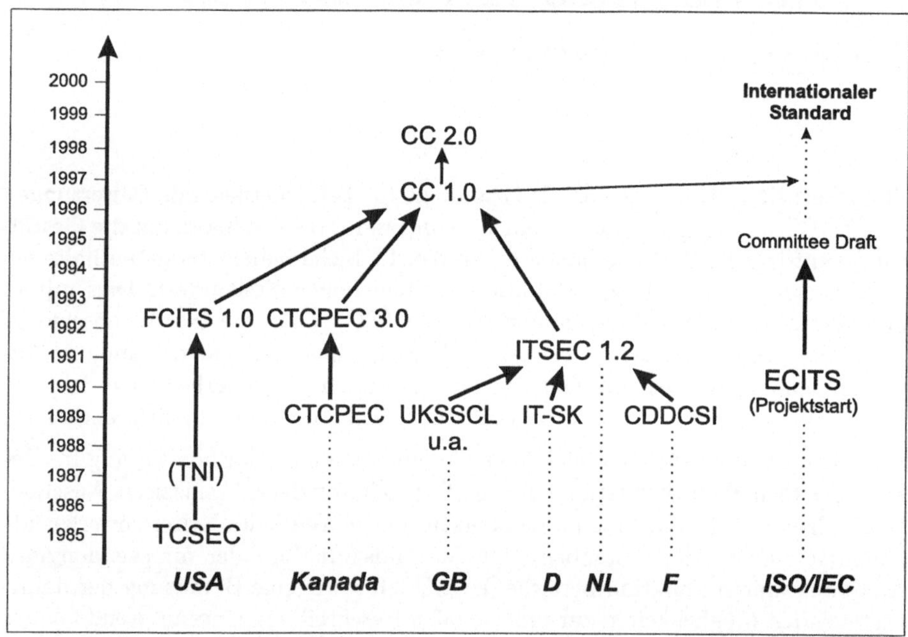

Abbildung 9.1: Internationale Harmonisierung der IT-Sicherheitskriterien

Etwa zeitgleich mit dem Erscheinen der ersten öffentlichen Version der ITSEC initiierten die ISO und das IEC 1990 das Normungsprojekt "Evaluation Criteria for IT Security" (ECITS). Hintergrund dieser Initiative war die Absicht der europäischen ITSEC-Editoren, den eigenen Aktivitäten im Bereich Sicherheitsevaluation und -zertifizierung mit einer internationalen Norm mehr Gewicht zu verschaffen und die USA zu einer Kooperation bei der Entwicklung von Nachfolgekriterien für die TCSEC zu bewegen. Das vorrangige, mit der Standardisierung der ECITS verbundene Ziel bestand in der internationalen Anerkennung von Evaluationsergebnissen.

Zur Kompensation des Vordringens der ITSEC innerhalb der ISO-Normung initiierten das National Institute for Standards and Technology gemeinsam mit der National Security Agency das Federal Criteria-Projekt [NIST&NSA92], welches zur Entwicklung von Federal Information Processing Standards führen sollte. Als Reaktion auf dieses Vorhaben und zur Vermeidung gegenseitiger Blockaden in der internationalen Normung vereinbarten schließlich die USA, Kanada und die EU-Kommission die Entwicklung gemeinsamer Kriterien, der Common Criteria [CCEB96].

Im Zuge der Entwicklung der transatlantischen CC werden die in den vorherigen Kriterien enthaltenen Ansätze in harmonisierter Form integriert. Ende Januar 1996 lag die Version 1.0 vor, die als Grundlage für erste Probeevaluationen diente. Im April 1996 wurden die ECITS-Entwürfe durch die korrespondierenden Teile der CC ersetzt. Detaillierte Hintergrundinformationen hierzu finden sich in [Ra97]. Die überarbeitete Version 2.0 (Final) wurde im Mai 1998 fertiggestellt und als "Final Committee Draft" an die nationalen Normungsorganisationen weitergeleitet. Die Beförderung der CC 2.0-basierten ECITS zum internationalen Standard 15408 ist für Mai 1999 vorgesehen.

9.2 Funktionale Struktur des Teil 2 der CC

Die CC bestehen aus mehreren Teilen. Der Teil 1 dient im wesentlichen als Einführung in die CC, definiert u. a. grundlegende Begriffe, allgemeine Konzepte und Prinzipien der IT-Sicherheitsevaluation sowie die erreichbaren Evaluationsergebnisse. Der Teil 2 enthält eine umfangreiche Auflistung sicherheitsfunktionaler Vorgaben. Im Teil 3 sind Anforderungen zur Vertrauenswürdigkeit der IT-Sicherheitsfunktionalität enthalten und die erreichbaren Stufen (evaluation assurance levels) definiert.

Die sicherheitsfunktionalen Vorgaben des Teil 2 der CC sind hierarchisch in Form von Funktionsklassen, Funktionsgruppen (families) sowie funktionalen Komponenten, Elementen und Abhängigkeiten gegliedert (siehe Abb. 9.2). *Klassen* sind die allgemeinste Form funktionaler Sicherheitsanforderungen. Sie fassen jeweils mehrere Funktionsgruppen unter einem Oberbegriff (z. B. Security Audit, Cryptographic Support) zusammen. *Funktionsgruppen* enthalten Komponenten, die gleichartige Teilgebiete von IT-Sicherheitsanforderungen abdecken, jedoch Unterschiede hinsichtlich ihrer Wirkprinzipien und Stärke aufweisen. (Beispielsweise enthält die Klasse FIA Identification and Authentication u. a. die Funktionsgruppen Authentication Failures, User Authentication, User Identification und User-Subject Binding.)

Die *Komponenten* der Funktionsgruppen beschreiben konkrete funktionale Anforderungen an einen Evaluierungsgegenstand. Sie sind die kleinsten funktionalen Bestandteile, die in Schutzprofilen[1] (protection profiles) und Sicherheitsvorgaben[2] (security targets) enthalten sind. Den Komponenten liegen Elemente und Abhängigkeiten zugrunde. *Elemente* repräsentieren nicht weiter unterteilbare, atomare Sicherheitsanforderungen. *Abhängigkeiten* bestehen zwischen Komponenten, die eng miteinander interagieren.

Das bei der grundlegenden Beschreibung von Funktionsgruppen verwendete Kriterium Audit (siehe Abb. 9.2) enthält Informationen zu *Funktionsgruppenspezifischen* Audit-Records und zu deren Informationsgehalt, bspw. für "minimales", "grundlegendes" und "detailliertes" Audit.

9.3   Funktionale Vorgaben für pseudonymes Audit

Der Teil 2 (Security Functional Requirements) der CC 2.0 enthält Vorgaben der Funktionsklassen Communication, Cryptographic Support, User Data Protection, Identification and Authentication, Privacy, Protection of TSF (Target of evaluation Security Functions), Resource Utilisation, Security Audit, Security Management, TOE Access und für Trusted Path/Channels. Für die funktionale Beschreibung des pseudonymen Audit sind die Funktionsklassen *FPR Privacy* und *FAU Security Audit* von Bedeutung.

9.3.1   Bestandsaufnahme zur Pseudonymität

Der Funktionsklasse Privacy liegen folgende Funktionsgruppen zugrunde:

- FPR_ANO Anonymity,

- FPR_PSE Pseudonymity,

---

[1]Schutzprofile definieren eine implementationsunabhängige Kombination von IT-Sicherheitsanforderungen für eine bestimmte Kategorie von Evaluationsgegenständen (z. B. Betriebssysteme, Firewalls).

[2]Die Sicherheitsvorgaben sind Ausgangspunkt einer Produktevaluation. Sie enthalten u. a. produktspezifische Details und eine Übersichtsspezifikation des Evaluationsgegenstandes. Aus einen Schutzprofil können verschiedene Sicherheitsvorgaben abgeleitet werden.

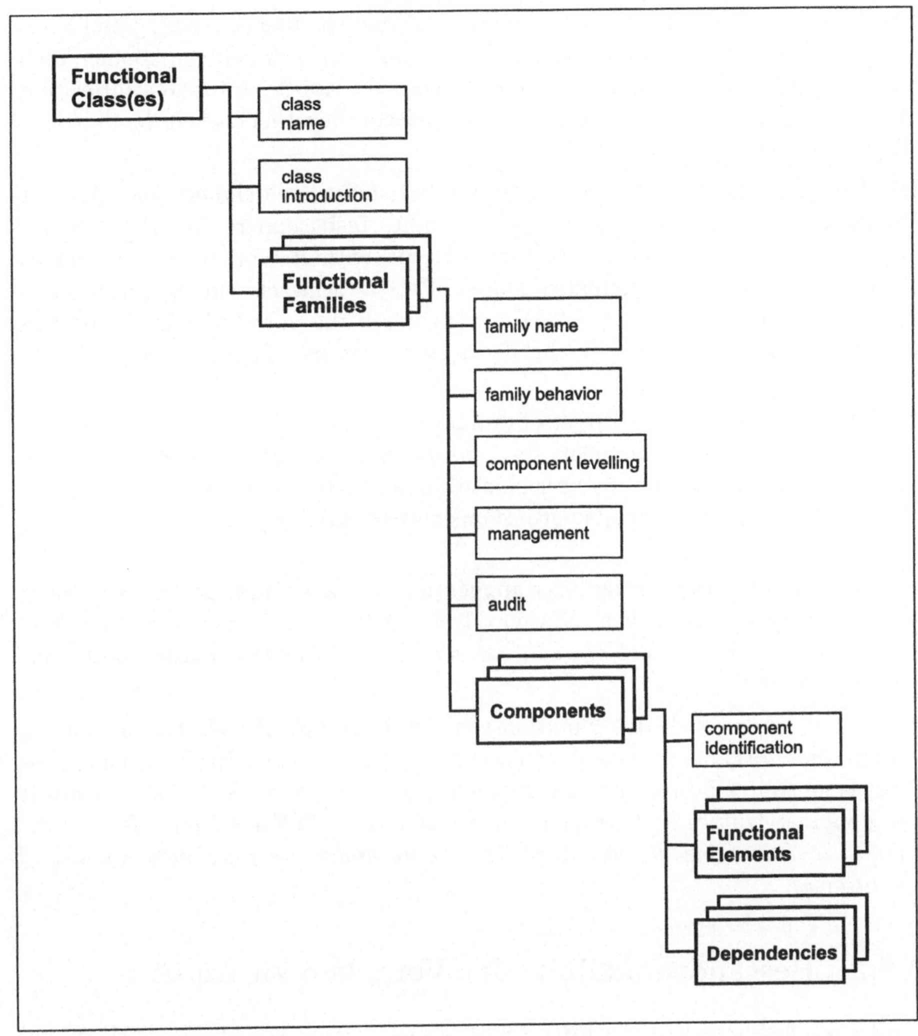

Abbildung 9.2: Struktur der funktionalen Sicherheitsanforderungen der CC

- FPR_UNL Unlinkability und

- FPR_UNO Unobservability.

Die Funktionsgruppe *Pseudonymity* enthält Vorgaben, über die sichergestellt werden soll, daß Nutzer Ressourcen oder Dienste in Anspruch nehmen können, ohne dabei ihre Identität offenlegen zu müssen. Dies hat jedoch, unter Gewährleistung abrechnungsorientierter und sicherheitsmotivierter Zurechenbarkeit der dabei initiierten Aktionen zu erfolgen.

Die Komponente *FPR_PSE.2 Reversible Pseudonymity* definiert jene Art von Pseudonymität, die für pseudonymes Audit, insbesondere im Hinblick auf Depseudonymisierbarkeit, erforderlich ist. Sie enthält Vorgaben zum Schutz sämtlicher nutzeridentifizierender Daten. Relativ schwach nutzeridentifizierende Daten (Kategorie 3, vgl. 6.2.5) werden durch die generische Definition des Begriffs "object" interpretativ abgedeckt (siehe den nachfolgenden Auszug).

FPR_PSE.2.1   The TSF (Target of evaluation Security Functions) shall ensure that [assignment: *set of users and/or subjects*] are unable to determine the user identity bound to [assignment: *list of subjects and/or operations* and/or objects].

Eine ergänzende Erläuterung (user application note zur Funktionsklasse Privacy, siehe Anhang B) findet sich in Annex I des Teils 2 der CC: *"... the definition of 'identity' in the context of audit can also be ... other information that could identify a user."*

Außerdem erweist sich das Funktionselement *FPR_PSE.2.4* als bedeutsam. Es enthält eine Vorgabe, wonach die Sicherheitsfunktionen eines Evaluierungsgegenstandes nur unter bestimmten Bedingungen in der Lage sein sollen, die Identität pseudonymer Nutzer in Erfahrung zu bringen: *The TSF shall provide ... a capability to determine the user identity ... only under the [assignement: list of conditions].*

9.3.2   Bestandsaufnahme der Vorgaben zu Audit

Die Funktionsklasse FAU Security Audit der CC 2.0 enthält im Vergleich zu den vorherigen Kriterienwerken die bislang umfassendsten Vorgaben zu Audit. Sie beinhaltet insgesamt sechs Funktionsgruppen:

- FAU_ARP Security Audit Automatic Response,

- FAU_GEN Security Audit Data Generation,

- FAU_SAA Security Audit Analysis,

- FAU_SAR Security Audit Review,

- FAU_SEL Security Audit Event Selection und

- FAU_STG Security Audit Event Storage.

Datenschutzrelevant sind primär die Funktionsgruppen zur Generierung und Analyse von Auditdaten. Im einzelnen sind das die FAU_GEN, FAU_SAA und FAU_SAR. Die Funktionsgruppe *FAU_GEN Security Audit Data Generation* enthält Anforderungen an die Aufzeichnung sicherheitsrelevanter Ereignisse. In ihr werden die jeweilige funktionale Ebene des Audit, die zu protokollierenden Aktionsklassen sowie der erforderliche minimale Informationsgehalt der jeweiligen Audit-Records spezifiziert.

In der Funktionsgruppe *FAU_SAA Security Audit Analysis* finden sich funktionale Vorgaben für schwellwertbasierte Erkennung von IT-Sicherheitsverletzungen (Komponente FAU_SAA.1 Potential Violation Analysis), Anomalie-Erkennung (FAU_SAA.2 Profile Based Anomaly Detection) und Signaturanalyse (FAU_SAA.3 Simple Attack Heuristics und FAU_SAA.4 Complex Attack Heuristics). Die Funktionsgruppe *FAU_SAR Security Audit Review* definiert Anforderungen an anderweitige, im Nachhinein erfolgende analytische Überprüfungen von Auditdaten.

Ein datenschutzspezifischer Bezug wird lediglich in Form einer User Application Note zur FAU_GEN.2 im Annex C des Teils 2 der CC hergestellt (siehe Anhang B): *"... if ... privacy is important, inclusion of the component user pseudonymity might be considered. Requirements on determining the real user name based on its pseudonym are specified in the privacy class."* Einige Vorschläge, die den datenschutzspezifischen Vorgaben der Funktionsgruppen FAU_GEN und FPR_PSE zugrundegelegt wurden, finden sich in [SoRa96].

9.4 Bewertung

Die in FPR_PSE und FAU_GEN enthaltenen funktionalen Anforderungen sind im Kontext der in Teil 1 der CC enthaltenen Definition des Begriffs Identity – *"A representation (e.g. a string) uniquely identifying an autho rised user, which can either be the full name of that user or a pseudonym."* – zu sehen (siehe [SoRa96]). Erstmalig werden damit in IT-Sicherheitskriterien reale Nutzernamen und Pseudonyme gleichgestellt. Davon ausgehend erweisen sich die in den CC 2.0 enthaltenen Bausteine zur funktionalen Beschreibung eines in pseudonymer

Form erfolgenden Audit für eine Formulierung entsprechender Anforderungen in Schutzprofilen als hinreichend.

Die Konsequenzen der Gleichstellung von realen Nutzernamen und Pseudonymen gehen über pseudonymes Audit hinaus, da sie auf *sämtliche* Funktionsbereiche eines Evaluierungsgegenstandes bezogen werden kann. **Damit sind Möglichkeiten zur funktionalen Beschreibung einer umfassenderen datenschutzorientierten Gestaltung von IT-Systemen, einschließlich ihrer Sicherheitsfunktionen bzw. -dienste, gegeben.**

Kapitel 10

Abschließende Anmerkungen und Ausblick

Die rasante Entwicklung im Bereich der Informations- und Kommunikationstechnik und die damit verbundene globale Vernetzung gehen mit umfangreichen softwaretechnischen Absicherungsmaßnahmen einher. Ein Beispiel dafür ist der Mitte der 90er Jahre aufgekommene und immer noch anhaltende Firewall-Boom. Aufgrund dessen, daß die überwiegende Mehrzahl der offiziell bekannt gewordenen Fälle aus dem Bereich (Computer-)Wirtschaftskriminalität von regulären Nutzern, *Insidern*, verursacht wurde, könnte man provokant formulieren, daß die vornehmlich gegen externe Angreifer gerichteten Firewalls am Gros der IT-Sicherheitsprobleme vorbeigehen. Dies zeigt, daß nicht nur der Netzzugangsschutz relevant ist, sondern vor allem der Schutz gegenüber Gefährdungen, die von den im (internen) Netz befindlichen Rechnern ausgehen.

Mittels Audit-basierter Überwachung ist es u. a. möglich festzustellen, ob IT-Angriffe erfolgten, wer IT-sicherheitswidrige Aktionen wie initiierte und welche Ressourcen (z. B. manipulativ oder hinsichtlich ihrer Vertraulichkeit) betroffen sind. Davon ausgehend können lokalisierte Schwachstellen beseitigt und Rückschlüsse auf die eigentlichen Ziele der Angreifer gezogen werden. Das Potential der damit verbundenen Möglichkeiten wird in zunehmenden Maße von Entscheidungsträgern hinsichtlich seiner Bedeutung für die Abwehr von IT-Attacken erkannt und entsprechend priorisiert.

Mit den seit Anfang der 90er Jahre verfügbaren kommerziellen Intrusion Detection-Systemen sind Möglichkeiten für eine leistungsstarke Audit-basierte Überwachung von Applikationen, Rechnern und Netzen (einschließlich Nutzern) gegeben. Intrusion Detection-Systeme dienen primär zum Aufspüren gezielter IT-Sicherheitsverletzungen. Sie könnten jedoch ohne weiteres auch zu detaillierten, außerhalb des IT-Sicherheitsinteresses liegenden Verhaltens- und Leistungsüberwachungen herangezogen werden. Letzteren stehen jedoch in der Bundesrepublik Deutschland fundamentale datenschutzrechtliche Vorgaben, wie das Recht auf informationelle Selbstbestimmung, sowie die Bestimmungen des Betriebsverfassungs- und des Bundespersonalvertretungsgesetzes entgegen.

Über kryptographischen Schutz der Vertraulichkeit der in den Auditdatensätzen enthaltenen nutzeridentifizierenden Daten ist es möglich, damit verbundene Risiken zu kompensieren. Dieser Ansatz findet im pseudonymen Audit seine praktische Umsetzung. Ausgehend von einer analytisch verwertbaren Repräsentation der Auditdaten ist mittels Auswertungs-Tools nachvollziehbar, daß irgendwelche (pseudonymen) Nutzer bestimmte Aktionen initiierten. Lediglich beim Vorliegen berechtigter Verdachtsfälle, bspw. wenn ein Audit-Record einem Teil einer Angriffssignatur gleicht, sollte die reale Identität des betreffenden pseudonymen Nutzers festgestellt werden. Das pseudonyme Audit stellt somit einen Kompromiß zwischen der klassischen Zurechenbarkeit (Accountability) und der im Interesse des Datenschutzes überwachter Nutzer liegenden Unbeobachtbarkeit dar. Sie gewährleistet ferner eine *informationelle Balance* zwischen Sicherheitsadministratoren und denjenigen, die Einblicke in Auditdaten nehmen dürfen, einerseits sowie den überwachten Nutzern andererseits.

Von entscheidender Bedeutung für die Akzeptanz dieses Verfahrens ist die Unterbindung unzulässiger Depseudonymisierungen. Die Untersuchungen zeigten, daß es mit softwaretechnischen Mitteln nicht möglich ist, den Überwachungsprozeß so zu reglementieren, daß jegliche datenschutzwidrigen Auditanalysen ausgeschlossen werden können. Bspw. ist es ausgehend von protokollierten Schreibzugriffen auf die Wissensbasis der Auswertungseinheit nicht möglich festzustellen, ob damit datenschutzwidrige Regeln, die z. B. eine generelle Offenlegung aller pseudonymisierten Nutzer-Identifikatoren bewirken oder Anwesenheitsprofile erstellen bzw. aktualisieren, ergänzt wurden. Aus diesem Grund muß zu Kontrollzwecken auf organisatorische Maßnahmen zurückgegriffen werden.

Die im Rahmen dieser Arbeit entstandene Implementation demonstrierte die Funktionsfähigkeit des pseudonymen Audit in realen IT-Systemen unter Verwendung des Intrusion Detection-Systems AID. Für die Systemerprobung wurde eine extensive Verschlüsselung der nutzeridentifizierenden Daten zugrundegelegt. Aufgrund der relativ kleinen Blockgrößen (meist 8 Byte) und der hohen Datendurchsatzraten erwies sich die Verwendung von Blockchiffren für die Generierung von Pseudonymen als sinnvoll. Eine Hochrechnung zeigte, daß eine durchgängige Verwendung von 8 Byte-Blockchiffren für die Pseudonymisierung der mitunter recht kleinen nutzeridentifizierenden Einträge in Solaris-Auditdatensätzen eine durch Padding verursachte Vergrößerung von UNIX-Auditdatensätzen um ca. 40% mit sich bringt. Für den Fall, daß kommerzielle Kryptosoftware oder -chips eingesetzt werden, sind vergleichsweise geringe Mehrbelastungen hinsichtlich der effektiven CPU-Zeit der überwachten Rechner und des zentralen Überwachungsrechners zu erwarten.

Im Interesse des Vertraulichkeitsschutzes der in den Audit-Records enthaltenen nutzeridentifizierenden Daten muß die funktionale Gestaltung des Betriebssystems Solaris (UNIX) kritisch hinterfragt werden. Besonders problematisch ist die Dominanz des mit unumschränkten systemweiten Zugriffsrechten ausgestatteten Account des Systemadministrators (root). Nutzer oder Eindringlinge, die auf diesem Account agieren, können ungeachtet gesetzter Zugriffsrechte systemweit lesen, schreiben, Programme starten und Prozesse terminieren. Sie verfügen damit quasi über "Big Brother"-Funktionalität und verursachen massive Vertraulichkeits- und Integritätsprobleme. Abhilfe würde eine konsequente funktionale Gewaltenteilung im Bereich der Systemverwaltung (separation of duties) analog den bislang im komerziellen und akademischen Bereich kaum anzutreffenden (F-)B$\{1, 2, 3\}$-zertifizierten Betriebssystemen schaffen. Darüber hinausgehend sollte die Erforderlichkeit jener Systemprogramme, die nutzerbezogene Informationen liefern, sowie die bestehenden Möglichkeiten zur Beobachtbarkeit von Aktivitäten (Prozessen) anderer Nutzer überdacht werden.

Die Praxis wird zeigen, inwiefern sich pseudonyme Audit-basierte Überwachung durchsetzen wird. Vorstellbar ist bspw. die Bereitstellung entsprechender Funktionalität als *optionales* Leistungsmerkmal in Auditfunktionen und/oder Intrusion Detection-Systemen. Aufgrund dessen, daß sicherheitsfunktionale Anforderungen zu pseudonymem Audit Eingang in die Common Criteria fanden, besteht allerdings berechtigte Hoffnung, daß die hierzu erforderlichen Funktionen in künftigen IT-Systemen Berücksichtigung finden werden.

Literaturverzeichnis

[Alt⁺90] Altvater, L.; Bacher, E.; Hörter, G.; Sabottig, G.; Schneider, W.: Personalvertretungsgesetz mit Wahlordnung und ergänzenden Vorschriften, Kommentar für die Praxis, 3. Aufl., Bund-Verlag, Köln, 1990

[AmAtz92] Amann, E.; Atzmüller, H.: IT-Sicherheit - was ist das? Datenschutz und Datensicherung 16(1992)6, 286-292

[An80] Anderson, J. P.: Computer security threat monitoring and surveillance, James P. Anderson Co., Fort Washington, PA, April 1980

[An⁺95] Anderson, D.; Frivold, Th.; Valdes, A.: Next-generation Intrusion Detection Expert System (NIDES). A summary, SRI International, SRI-CSL-95-07, May 1995

[Ba⁺98] Balasubramaniyan, J. S.; Garcia-Fernandez, J. O.; Isacoff, D.; Spafford, E.; Zamboni, D.: An architecture for intrusion detection using autonomous agents, COAST Technical Report 98/05, June 11, 1998

[BauKo88] Bauer, D. S.; Koblentz, M. E.: NIDX - An expert system for real-time network intrusion detection, Proc. of the IEEE Computer Networking Symposium, New York, NY, April 1988, 98-106

[BellLaPa73] Bell, D. E.; LaPadula, L. J.: Secure computer systems: A mathematical model, Mitre Corporation, Bedford, Mass., vol. II, 1973

[Be92] Bergmann, A.: Predicting intruders with neural networks, Proc. of the 9th Intrusion Detection Workshop, SRI International, Menlo Park, CA, May 1992

[Bie⁺96] Biehl, I.; Kenn, H.; Meyer, B.; Müller, B.; Schwarz, J.; Thiel, Ch.: LiSA. Eine C++-Bibliothek für kryptographische Verfahren, in Horster, P. (Hrsg.): Digitale Signaturen, (DuD-Fachbeiträge), Vieweg, Braunschweig, 1996, 237-248

[Bo88] Bonyum, D. A.: Logging and accountability in database management systems, Landwehr, C. E. (ed.): Database Security: Status and Prospects, North Holland (Elsevier), 1988, 223-228

[Bru$^+$91] Brunnstein, K.; Fischer-Hübner, S.; Swimmer, M.: Concepts of an expert system for virus detection, in Lindsay, D.; Price, W. (eds.): Information Security, Proc. of the IFIP/Sec91-Conference, Brighton, UK, May 1991, North Holland (Elsevier), 1991, 15-27

[BVerfG83] Das Volkszählungsgesetz-Urteil des Bundeverfassungsgerichts vom 15. Dezember 1983 - 1 BvR 209/83 u. a., Datenschutz und Datensicherung 4/84, 258-281

[BSD96] BSD Berkeley Software Design, Inc.: BSDI Internet Server (BSD/OS 2.1), Release Notes January, 1996

[Bull84] Bull, H.: Datenschutz oder die Angst vor dem Computer, Piper, Müchen, Zürich, 1984

[CCEB96] Common Criteria Editional Board: Common Criteria for Information Technology Security Evaluation, version 1.0, Feb. 1996

[CCIB97] Common Criteria Implementation Board: Common Criteria for Information Technology Security Evaluation, version 2.0 Draft, Dec. 1997

[CEC91] Comission of the European Communities: Information Technology Security Evaluation Criteria, version 1.2, Office for Official Publications of the European Communities, Luxembourg, June 1991, Catalogue number: CD-71-91-502-EN-C

[Chau85] Chaum, D.: Security without identification: Transaction systems to make a Big Brother obsolete, Communications of the ACM 28(1985)10, 1030-44

[Clau97] Clauß, W.: Datenbanktechnologische Unterstützung für das pseudonyme Audit von Betriebssystemfunktionen, Informatikbericht I-06/1997, Brandenburgische TU Cottbus, Lehrstuhl für Datenbanken und Informationssysteme, Februar 1997

[Clark98] Clark, T.: Web site alarms boost security, CNET, Jan. 26, 1998

[CroSpa95] Crosbie, M.; Spafford, E. H.: Defending a computer system using autonomous agents, Proc. of the 18th National Information Systems Security Conference, Baltimore, MD, Oct. 1995, 549-558

[CSSC92] Canadian System Security Center: The Canadian Trusted Security Evaluation Criteria, version 3.0, April 1992

[CST94] CS Telecom: Hyperview, Product description, Sept. 1994

[De84] Denning, D. E.: Digital signatures with RSA and other public-key cryptosystems, Communications of the ACM 27(1984)4, 388-392

[De86] Denning, D. E.: An intrusion-detection model, Proc. of the IEEE Symposium on Security and Privacy, Oakland, CA, 118-131

[De+87] Denning, D. E.; Neumann, P. G.; Parker, D.: Social aspects of computer security, Proc. of the 10th NCSC, Baltimore, MD, 1987, 320-325

[DeDo92] Debar, H.; Dorizzi, B.: An application of a recurrent network to an intrusion detection system, Proc. of the International Joint Conference on Neural Networks, Baltimore, MD, June 1992, 478-483

[DoD85] US Department of Defense: Trusted Computer System Evaluation Criteria, DoD 5200.28-STD, Dec. 1985

[DoRa90] Dowell, C.; Ramstedt, P.: The ComputerWatch data reduction tool, Proc. of the 13th National Computer Security Conference, Washington, D.C., Oct. 1990, 99-108

[DSL90] Intrusion Detection: The State of the Art, Data Security Letter no. 22, Nov. 1990, 4-7

[DuD95] Europäische Datenschutzrichtlinie verabschiedet, DuD-Report, Datenschutz und Datensicherung 9/95, 562-563

[DuD96] Antwort der Bundesregierung auf die Kleine Anfrage des Abgeordneten Dr. Manuel Kiper und der Fraktion Bündnis 90/Die Grünen - BT-Drs. 13/3932 - vom 14.03.1996, BT-Drs. 13/4105, abgedruckt in Datenschutz und Datensicherung 5/96, DuD Recht, 301-304, (304)

[Eb92] Eberle, E.: A high-speed DES implementation for network applications, Proc. of the CRYPTO'92 - Advances in cryptology, Springer, New York, 1992, 521-539

[Esm+95] Esmaili, M.; Safavi-Naini, R.; Pieprzyk, J.: Intrusion Detection: A survey, Proc. of the 12th International Conference on Computer Communication, ICCC'95, South Korea, August 1995, 409-414

[Esc99] Escamilla, T.: Intrusion Detection: Network security beyond the firewall, Wiley & Sons, New York, 1999

[EU95] Richtlinie 95/46/EG des Europäischen Parlaments und des Rates vom 24. Oktober 1995 zum Schutz natürlicher Personen bei der Verarbeitung personenbezogener Daten und zum freien Datenverkehr, Amtsblatt der Europäischen Gemeinschaft Nr. L 281 vom 23.11.95, S. 31

[Fa+97] Faltin, U.; Glöckner, P.; Viebeg, U.; Berger, A.; Giehl, H.; Hühnlein, D.; Kolletzki, S.; Surkau, T.: On the development of a security toolkit for open networks. New security features in SECUDE, in Müller, G. u. a. (Hrsg.): Proc. der GI-Fachtagung Verläßliche IT-Systeme (VIS'97), Freiburg, Oktober 1997, Vieweg, Braunschweig, Wiesbaden, S. 113-119

[Fi92] Fischer-Hübner, S.: IDA - Ein Intrusion Detection and Avoidance System. Ein einbruchsentdeckendes und einbruchsvermeidendes System, Dissertation an der Universität Hamburg (1992), Aachen, Shaker, 1993

[FiBru90] Fischer-Hübner, S.; Brunnstein, K.: Combining verified and adaptive system components towards more secure computer architectures, in Rosenberg, J.; Keedy, J. L. (eds.): Proc. of the International Workshop on Computer Architectures to Support Security and Persistence of Information, Bremen, May 1990, section 14, 1-7

[FiSchie96] Fischer-Hübner, S.; Schier, K.: Der Weg in die Informationsgesellschaft - Eine Gefahr für den Datenschutz, in Schinzel, B. (Hrsg.): Schnittstellen - Zum Verhältnis von Informatik und Gesellschaft, Vieweg, Braunschweig, Wiesbaden, 1996

[Fo+90] Fox, K. L.; Henning, R. R.; Reed, J. H.; Simonian, R. P.: A neural network approach towards intrusion detection, Proc. of the 13th National Computer Security Conference, Washington, D.C., Oct. 1990, 125-134

[Frie+93] Fries, O. u. a. (Hrsg.): Sicherheitsmechanismen. Bausteine zur Entwicklung sicherer Systeme, REMO-Arbeitsberichte, Oldenbourg Verlag, München, 1993

[GAO96] General Accounting Office: Information Security - Computer attacks at Department of Defense pose increasing risks, Report to congressional requesters, GAO/AIMD-96-84, May 1996

[Ge92] Gerhardt, W.: Zur Modellierbarkeit von Datenschutzanforderungen im Entwurfsprozeß eines Informationssystems, Datenschutz und Datensicherung 3/92, 126-136

[Gri94] Grimm, R.: Sicherheit für offene Kommunikation: verbindliche Teleko-operation, BI-Wissenschaftsverlag, Mannheim, Leipzig, Wien, Zürich, 1994

[GuGli92] Gupta, S.; Gligor, V. D.: Experience with a penetration analysis me-thod and tool, Proc. of the 15th National Computer Security Conference, Baltimore, MD, Oct. 1992, 165-183

[HaMa92] Habra, N.; Mathieu, I.: ASAX: Software architecture and rule-based language for universal audit trail analysis, in Deswarte, Y.; Eizenberg, G. (eds.): Proc. of the 2th European Symposium on Research in Computer Security (ESORICS' 92), Toulouse, Nov. 1992, 435-450

[He$^+$90] Heberlein, L. T.; Dias, G. V.; Levitt, K. N.; Mukherjee, B.; Wood, J.; Wolber, D.: A Network Security Monitor, Proc. of the IEEE Symposium on Research in Security and Privacy, Oakland, CA, May 1990, 296-304

[HLI94] Haystack Laboratories, Inc.: Info on Stalker, Sept. 1994

[Ho98] Holz, Th.: Das Betriebssystem-Audit von Windows NT, Technischer Re-port E/I11S/X0034/Q5123-II.b, Brandenburgische TU Cottbus, Lehrstuhl für Rechnernetze und Kommunikationssysteme, März 1998

[Il92] Ilgun, K.: USTAT: A real-time intrusion detection system for UNIX, Ma-ster's Thesis, University of California at Santa Barbara, Computer Science Department, July 1992

[Ir$^+$86] Irving, R. H.; Higgins, C. A., Safayeni, F. R.: Computerized performance monitoring systems: Use and abuse, Communications of the ACM 29(1986)8, 794-801

[Jo86] Jordan, M. I.: Attractor dynamics and parallelism in a connectionistic sequential machine, Proc. of the 8th Conference of the Cognitive Science Society, 1986, 531-546

[KaYi95] Kaliski, B. S.; Yin, Y. L.: On differential and linear cryptanalysis of the RC5 encryption algorithm, Proc. of the Crypto '95, zitiert in [Riv97]

[Ko89] Kohonen, T.: Self-organization and associative memory, Springer Series in Information Sciences, 3rd edition, 1989, 531-546

[KoSpe95] Koch, E. J.; Sperber, J.: Die Datenmafia. Geheimdienste, Konzer-ne, Syndikate: Computerspionage und neue Informationskartelle, Rowohlt, Reinbeck, 1995

[LieVa92] Liepins, G. E.; Vaccaro, H. S.: Intrusion Detection: It's role and validation, Computers & Security 11/1992, 347-355

[Lu$^+$92] Lunt, T.; Tamaru, A.; Gilham, F.; Jagannathan, R.; Jalali, C.; Neumann, P. G.; Javitz, H. S.; Valdes, A.; Garvey, T. D.: A real time Intrusion Detection Expert System (IDES) - Final Report, SRI International, Menlo Park, CA, Feb. 1992

[MaShe86] Marx, G. T.; Sherizan, S.: Monitoring on the job, Technology Review Nov./Dec. 1986, 66 pp.

[MC95] Microsoft Corp.: Microsoft Windows NT Guidelines for Security, Audit and Control, Microsoft Press, Redmont, Washington, 1995

[Me93] Me, L.: Security audit trail analysis using genetic algorithms, Proc. of the 12th International Conference on Computer Safety, Reliability and Security, Poznan, Poland, Oct. 1993, 329-340

[Me98] Me, L.: GASSATA. A genetic algorithm as an alternative tool for security audit trail analysis, First International Workshop on the Recent Advances in Intrusion Detection RAID'98, Louvain-la-Neuve, Belgium, Sept. 1998

[Mei97] Meier, M.: Realisierung pseudonymen Audits in einer AID-überwachten Systemumgebung unter Verwendung von LiSA, Studienarbeit, Brandenburgische TU Cottbus, Lehrstuhl für Rechnernetze und Kommunikationssysteme, Sept. 1997

[Moi92] Moitra, A.: Real-time audit log viewer and analyzer, Proc. of the 4th Workshop on Computer Security Incident Handling, (Forum of Incident Response and Security Teams - FIRST), Denver, CO, Aug. 1992

[Mor93] Morris, R.: Remarks at the Cambridge Protocols Workshop, 1993, zitiert in [Schnei96, S. 251 ff.]

[Mou98] Mounji, A.: Tools for intrusion detection: Results and lessons learned from the ASAX project, First International Workshop on the Recent Advances in Intrusion Detection RAID'98, Louvain-la-Neuve, Belgium, Sept. 1998

[NCSC88] National Computer Security Center: A guide to understanding audit in trusted systems, NCSC-TG-001, version 2, June 1988

[NIST&NSA92] US National Institute for Standards and Technology & National Security Agency: Federal Criteria for Information Technology Security, version 1.0, Dec. 1992

[NIST93] US National Institute for Standards and Technology: NIST FIPS PUB 46-2, Data Encryption Standard, US Department of Commerce, Dec. 1993

[Or49] Orwell, G.: 1984, Hartcourt, Brace and Company, 1949

[Pfi+87] Pfitzmann, B.; Waidner, M.; Pfitzmann, A.: Rechtssicherheit trotz Anonymität in offenen digitalen Systemen, Computer & Recht, 3. Jg., Heft 10, 11, 12, 1987, 712-717, 796-803, 898-904

[Pfi+89] Pfitzmann, A.; Pfitzmann, B.; Waidner, M.: Telefon-MIXe: Schutz der Vermittlungsdaten für zwei 64 kbit/s - Duplexkanäle über den (2 x 64+16) kbit-Teilnehmeranschluß, Datenschutz und Datensicherung 5/89, 605-622

[Pfi97a] Pfitzmann, A.: Sicherheit in Rechnernetzen: Sicherheit in verteilten und durch verteilte Systeme, Skript zu den Vorlesungen Datensicherheit und Kryptographie, Technische Universität Dresden, 1997

[Pfi97b] Fachliche Diskussion mit Herrn Prof. Andreas Pfitzmann, Dresden, Dez. 1997

[PfiRa93] Pfitzmann, A.; Rannenberg, K.: Staatliche Initiativen und Dokumente zur IT-Sicherheit - Eine kritische Würdigung, Computer & Recht 9(1993)3, 170-179

[Po96] Pommerenning, K.: Vorlesung Datenschutz und Datensicherheit, Universität Mainz, http://www.uni-mainz.de/~pommeren/DSVorlesung/, 1996

[PtaNew98] Ptacek, Th. H.; Newsham, T. N.: Insertion, evasion, and denial of service: Eluding network intrusion detection, Technical Report, Secure Networks, Inc., Jan. 1998

[Pro94] Proctor, P.: Audit reduction and misuse detection in heterogeneous environments: Framework and application, Proc. of the 10th Annual Computer Security Applications Conference, Orlando, FL, Dec. 1994

[Ra+96] Rannenberg, K.; Pfitzmann, A.; Müller, G.: Sicherheit, insbesondere mehrseitige IT-Sicherheit, Informationstechnik und technische Informatik 18(1996)4, Aug. 1996, 7-10

[Ra97] Rannenberg, K.: Kriterien und Zertifizierung mehrseitiger IT-Sicherheit. Eine Untersuchung der technischen Grundlagen und der organisatorischen Rahmenbedingungen, Dissertation, Albert-Ludwigs-Universität Freiburg, Wirtschaftswissenschaftliche Fakultät, 1997

[Rei$^+$97] Reichenbach, M.; Damker, H.; Federrath, H.; Rannenberg, K.: Indidual management of personal reachability in mobile communication, in Yngström, L.; Carlsen, J. (eds.): Information Security in Research and Bussiness, Proc. of the 13th International Information Security Conference (SEC'97), Copenhagen, Denmark, May 1997, Chapman & Hall, London, 163-174

[Rich$^+$96] Richter, B.; Sobirey, M.; König, H.: Auditbasierte Netzüberwachung, Praxis der Informationsverarbeitung und Kommunikation (PIK) 1/96, 24-32

[Rich$^+$97] Richter, B.; Sobirey, M.; König, H.: Host-orientiertes Netz-Audit, Ein neuer Ansatz zur Protokollierung von Netzaktivitäten, angenommen für: GI/ITG-Fachtagung KiVS'97 (Kommunikation in Verteilten Systemen), Feb. 1997, Braunschweig, 48-61

[Riv97] Rivest, R. L.: The RC5 encryption algorithm, MIT Laboratory for Computer Science, Cambridge, Mass., revised March 20, 1997

[SaSchrö75] Saltzer, J. H.; Schröder, M. D.: The protection of information in computer systems, Proc. of the IEEE 63(1975)9

[Schae91] Schaefer, L. J.: Employee Privacy and Intrusion Detection Systems: Monitoring on the Job, Proc. of the 14th NCSC, Washington, D. C., Oct. 1991, 188-194

[Schae$^+$89] Schaefer, M.; Hubbard, B.; Sterne, D.; Haley, T. K.; McAuliffe, J. N.; Wolcott, D.: Auditing: A relevant contribution to trusted database management systems, Proc. of the 5th Annual Computer Security Applications Conference, Tucson, TX, Dec. 1989

[Schnei96] Schneier, B.: Angewandte Kryptographie, Addison-Wesley, Bonn, 1996

[Schwa96] Schwarz, J.: Entwurf und Implementation einer objektorientierten Softwarebibliothek kryptographischer Algorithmen, Diplomarbeit an der Universität des Saarlandes, 1996

[Sci97] http://www.scientific.de/talarian/rtw_index.html, 1997

[Se$^+$88] Sebring, M. M.; Sellhouse, E.; Hanna, M. E.; Whitehurst, R. A.: Expert system in intrusion detection: A case study, Proc. of the 11th National Computer Security Conference, Baltimore, MD, Oct. 1988, 74-81

[Si84] Simitis, S.: Die informationelle Selbstbestimmung - Grundbedingung einer verfassungskonformen Informationsordnung, Neue Juristische Wochenzeitung 8/1984, 398-405

[Sma88] Smaha, S. E.: Haystack: An intrusion detection system, Proc. of the IEEE 4th Aerospace Computer Security Applications Conference, Orlando, FL, Dec. 1988, 37-44

[SmaWi94] Smaha, S. E.; Winslow, J.: Misuse detection tools, Computer Security Journal 10(1994)1, Spring, 39-49

[Sna$^+$91] Snapp, S. R.; Brentano, J.; Dias, G. V.; Goan, T. L.; Heberlein, L. T.; Ho, C.; Levitt, K. N.; Mukherjee, B.; Smaha, S. E.; Grance, T.; Teal, D. M.; Mansur, D.: DIDS (Distributed Intrusion Detection System) - Motivation, architecture and an early prototype, Proc. of the 14th National Computer Security Conference, Washington, D. C., Oct. 1991, 167-176

[So92] Sobirey, M.: Subversive Software - ein klassifikatives Kompendium, Datenschutz und Datensicherung 16(1992)7, 338-345

[So93] Sobirey, M.: Eine Analyse regelbasierter und selbstorganisierender adaptiver Systeme in der Informationssicherheit, Diplomarbeit an der Technischen Universität "Otto von Guericke" Magdeburg, Institut für Rechnerverbund und Betriebssysteme, März 1993

[So95] Sobirey, M.: Aktuelle Anforderungen an Intrusion Detection-Systeme und deren Berücksichtigung bei der Systemgestaltung von AID^2, in Brüggemann, H. H.; Gerhardt-Häckl, W. (Hrsg.): Proc. der GI-Fachtagung Verläßliche IT-Systeme VIS'95, Rostock, April 1995, 351-370

[So96] Sobirey, M.: Auditgestützte Einbruchserkennung in Netzen, Ergebnisse aus dem Projekt AID (Adaptive Intrusion Detection system), in Kubicek, H.; Müller, G.; Neumann, K.-H.; Raubold, E.; Roßnagel, A. (Hrsg.): Jahrbuch Telekommunikation und Gesellschaft, Bd. 4, 1996, Öffnung der Telekommunikation, R. v. Decker's Verlag, Heidelberg, 284-286

[So$^+$96] Sobirey, M.; Richter, B.; König, H.: The Intrusion Detection System AID. Architecture, and experiences in automated audit analysis, in Horster, P. (ed.): Communications and Multimedia Security II, Proc. of the IFIP

TC6/TC11 International Conference on Communications and Multimedia Security, Essen, Germany, Sept. 1996, Chapman & Hall, London, 278-290

[SoFi96] Sobirey, M.; Fischer-Hübner, S.: Privacy oriented Auditing, Draft Proceedings of the 13th Annual CSR (Centre for Software Reliability) Workshop "Design for Protecting the User", Bürgenstock bei Luzern, Sept. 1996, section 13

[SoRa96] Sobirey, M.; Rannenberg, K.: Remarks on the Coverage of Pseudonymous Auditing in the Evaluation Criteria for IT Security; Att. 2 to the German NB Reasons for disapproval of ISO/IEC CD 15408-2 and 15408-3 (ISO/IEC JTC 1/SC 27 N 1402 and N 1403); 1996-10-07

[So+97] Sobirey, M.; Fischer-Hübner, S.; Rannenberg, K.: Pseudonymous audit for privacy enhanced intrusion detection, in Yngström, L.; Carlsen, J. (eds.): Information Security in Research and Bussiness, Proc. of the 13th International Information Security Conference (SEC'97), Copenhagen, Denmark, May 1997, Chapman & Hall, London, 151-163

[Stei93] Steinmüller, W.: Informationstechnologie und Gesellschaft: Einführung in die Angewandte Informatik, Wissenschaftliche Buchgesellschaft, Darmstadt, 1993

[Stel90] Stelzer, D.: Kritik des Sicherheitsbegriffs im IT-Sicherheitsrahmenkonzept, Datenschutz und Datensicherung 14(1990)10, 501-506

[Stev92] Stevens, W. R.: Programmieren von UNIX-Netzen, Hanser, Müchen, Wien, Prentice Hall, London, 1992

[Sto92] Stoll, C.: Kuckucksei. Die Jagd auf die deutschen Hacker, die das Pentagon knackten, Fischer Taschenbuchverlag, Frankfurt am Main, 1992

[Teng+90] Teng, H. S.; Chen, K.; Lu, S. C.: Security audit trail analysis using inductively generated predictive rules, Proc. of the 6th Conference on Artificial Intelligence Applications, Santa Barbara, CA, May 1990, 24-29

[Tener89] Tener, W. T.: Discovery: An expert system in the commercial data security environment, Proc. of the 4th IFIP TC11 International Conference on Security, IFIP Sec'86, Monte Carlo, North Holland, Amsterdam, 1989, 261-266

[USL93] Unix System Laboratories: Audit Trail Administration, Prentice Hall, Englewood Cliffs, NJ, 1993

[Va⁺92] Valcarce, E. M.; Hoglund, G. W.; Jansen, L.; Baillie, L.: ESSENSE: An experiment in knowledge-based security monitoring and control, Proc. of the 3rd USENIX Unix Security Symposium, Baltimore, MD, Sept. 1992, 155-170

[vanEss91] van Essen, U. (Hrsg.): Sicherheit des Betriebssystems VMS, R. Oldenbourg, München, Wien, 1991

[Ve92] Venema, W.: TCP-Wrapper. Network monitoring, access control, and booby traps, Proc. of the 3th USENIX Unix Security Symposium, Baltimore, MD, Sept. 1992, 85-92

[Vi95] Vigna, G.: Inspect: a lightweight distributed approach to automated audit trail analysis, CEFRIEL, Milano, Italy, unpublished paper

[Vi96] Vigna, G.: A topological characterization of TCP/IP security, Technical Report 96-156, Politecnico di Milano, 1996

[WaBra1890] Warren, S.; Brandeis, L.: The right to privacy, Harvard Law Review 5/1890-91, 193-220

[WeiBau90] Weiss, W. R. E.; Baur, A.: Analysis of audit and protocol data using methods from artificial intelligence, Proc. of the 13th National Computer Security Conference, Washington, D.C., Oct. 1990, 109-114

[We67] Westin, A.: Privacy and Freedom, New York, 1967

[Whi⁺96] White, G. B.; Pooch, U.: Cooperating Security Managers: distributed intrusion detection systems, Computers & Security 15(1996)5, 441-450

[Woo95] Wood, M. (ed.): Audit trail administration, UNIX SVR4.2, UNIX Press, (Prentice Hall), 1995

Anhang A

Das AID-Auditdatenformat

```
struct  Audit_Record {            /* XDR - Notation */

   long                  audit_id;    /* Audit-ID */
   long                  egid;        /* effektive Group-ID */
   long                  euid;        /* effektive User-ID */
   long                  rgid;        /* reale Group-ID */
   long                  ruid;        /* reale User-ID */

   unsigned long   tty;         /* Terminal */
   unsigned long   from;        /* von wo aus eingeloggt */

   long                  pid;         /* Prozess-ID */
   long                  session_id;  /* Session-ID */

   long                  time;        /* Datum und Uhrzeit */

   unsigned long   classes;     /* Klasse des Audit-Ereignisses */
   unsigned short  event;       /* Ereignis-ID */
   long                  error;       /* (Fehler-)Rueckgabewert */
   long                  status;      /* finaler Aktionsstatus */

   string                rname<>;     /* Name der Ressource */
   long                  rowner;      /* Ressourcen-Eigentuemer */
   long                  rgowner;     /* Eigentuemergruppe */
   long                  rperm;       /* Zugriffsrechte */
   string                rscript<>;   /* leer oder Shell-Name */
```

```
    u_long            rinode;        /* Inode-ID der Ressource */
    string            rmount<>;      /* leer oder Name des NFS-Servers */

    string            rrname<>;      /* Name der zweiten Ressource */
    string            arg<>;         /* Aufrufargumente */
    string            env<>;         /* Shell-Environment */

    string            host<>;        /* Rechnername */

struct  Audit_Record  *next;

};
```

Anhang B

Auszüge aus den CC 2.0

Die nachfolgenden, überblicksmäßig zusammengestellten Passagen aus den Teilen 1 und 2 der "Common Criteria for Information Technology Security Evaluation" (Version 2.0 vom 15. November 1998) sind einerseits für datenschutzorientiertes Audit relevant oder dienen andererseits dem besseren Verständnis dieser spezifischen Vorgaben. Diese Version ist Grundlage des internationalen Standards ISO/IEC 15408.

Part 1: Introduction and general model

...

2 Definitions

...

2.3 Glossary

...

Identity – A representation (e.g. a string) uniquely identifying an authorised user, which can either be the full name of that user **or a pseudonym**.

Part 2: Security functional requirements

...

3 Class FAU: Security audit

...

3.2 Security audit data generation (FAU_GEN)

This family defines requirements for recording the occurrence of security relevant events that take place under TSF control. This family identifies the level of auditing, enumerates the types of events that shall be audit able by the TSF, and identifies the minimum set of audit-related information that should be provided within various audit record types.

...

9 Class FPR: Privacy

...

9.2 Pseudonymity (FPR_PSE)

Family behaviour

This family ensures that a user may use a resource or service without disclosing its user identity, but can still be accountable for that use.

...

FPR_PSE.2 Reversible pseudonymity

...

FPR_PSE.2.1 The TSF shall ensure that [assignment: *set of users and/or* *subjects*] are unable to determine the real user name bound to [assignment: *list of subjects and/or operations* **and/or objects**].

...

FPR_PSE.2.4 The TSF shall provide [selection: *an authorised user*, [assignment: *list of trusted subjects*]] a capability to determine the user identity based on the provided alias only under the following [assignment: *list of conditions*].

Annex C
(informative)

Security audit (FAU)

...

C.2 Security audit data generation (FAU_GEN)

...

FAU_GEN.1 Audit data generation

User application notes

... FAU_GEN.1 by itself might be used when the TSP does not require that individual user identities be assciated with audit events. This could be appropriate when the PP/ST also contains privacy requirements. ...

...

FAU_GEN.2 User identity association

User application notes

This component addresses the requirement of accountability of auditable events at the level of individual user identity. This component should be used in addition to FAU_GEN.1 Audit data generation.

There is a potential conflict between the audit and privacy requirements. For audit purposes it may be desirable to know who performed an action. The **user may want to keep his/her actions to himself/herself and not be identified by other persons** (e.g. a site with job offers). Or it might be **required in the Organisational Security Policy that the identity of the user must be protected**. In those cases the objectives for audit and privacy might contradict each other. Therefore **if** this requirement is selected and **privacy is important, inclusion of the component user pseudonymity might be considered. Requirements on determining the real user name based on its pseudonym are specified in the privacy class.**

Annex I
(informative)

Privacy (FPR)

...

Additional information is provided in the application notes for the class FAU, where it is explained that **the definition of 'identity' in the context of auditing can also be an alias or other information that could identify a user.**

... When choosing a family, the choice should depend on the threats identified. **For some types of privacy threats, pseudonymity will be more appropriate than anonymity (e.g. if there is a requirement for auditing).**

...

I.2 Pseudonymity (FPR_PSE)

...

FPR_PSE.2 Reversible pseudonymity

...

Operations

   Assignment

... **Note that 'objects' includes any other attributes that might enable another user or subject to derive the actual identity of the user.**

Umfassende, aktuell Einführung in das Gebiet der IT-Sicherheit

Rolf Oppliger

IT-Sicherheit

Grundlagen und
in der Pr;

1997. XXIV, 541 S. (DuD-Fachbeiträge; hrsg.
von Pfitzmann, Andreas/ Reimer, Helmut/
Rihaczek, Karl/ Roßnagel, Alexander)
DM 98,00
ISBN 3-528-05566-9

Inhalt: Kryptologische Grundlagen,
Kryptosysteme - Anwendungen,
Schlüsselverwaltung - Allgemeine
Schutzmaßnahmen - Zugangs- und
Zugriffskontrollen - Evaluation und
Zertifikation - Softwareanomalien

und -manipulationen - Offene
Systeme, lokale Netze und Weitverkehrsnetze - Internet, elektronische Nachrichtenvermittlungs-
systeme - Authentifikations- und
Schlüsselverteilsysteme

Das Buch bietet eine umfassende und
aktuelle Einführung in das Gebiet
der IT-Sicherheit. In drei getrennten
Teilen werden Fragen der Krypto-
logie, bzw. der Computer- und
Kommunikationssicherheit themati-
siert. Der Leser wird dabei schritt-
weise in die jeweiligen Sicherheitsprobleme eingeführt und mit den zur
Verfügung stehenden Lösungsan-
sätzen vertraut gemacht.
Das Buch kann sowohl zum Eigen-
studium als auch als Begleitmaterial
für entsprechende Vorlesungen,
Kurse und Seminare verwendet
werden.

Abraham-Lincoln-Straße 46
D-65189 Wiesbaden
Fax (0611) 78 78-420

Stand 1.6.99
Änderungen vorbehalten.
Erhältlich im Buchhandel oder beim Verlag.